信号・システム理論の基礎
―フーリエ解析,ラプラス変換,z変換を系統的に学ぶ―

足立 修一 著

コロナ社

まえがき

　1999年1月にシステム制御工学シリーズの1冊として「信号とダイナミカルシステム」をコロナ社から発行してから，15年の歳月が流れた。この本は，システム制御工学を学ぶ際に必要となる連続時間信号とダイナミカルシステムについて解説したものであり，それらを扱う上で重要な数学的な道具であるフーリエ解析とラプラス変換についても詳細に記述した。学部3年生で制御工学を学ぶことを前提とした学部2年生向けの教科書としてこの本を執筆した。

　数年前，著者が勤務する慶應義塾大学理工学部物理情報工学科で，カリキュラムの改革を行った。その中で，フーリエ解析，ラプラス変換，z変換をカバーする新しい応用数学の科目「物理情報数学C」を新設し，著者が担当することになった。前著である「信号とダイナミカルシステム」を教科書として使用したが，この本は連続時間信号とシステムしか取り扱っておらず，離散時間を対象とするz変換は含まれていなかった。そこで，フーリエ解析，ラプラス変換，z変換を系統的に学ぶことができる新しい教科書として，前著の1～5章を加筆修正し，さらに離散時間信号とシステム，z変換の部分を書き加えたのが本書である。

　従来は，フーリエ解析は数学の授業で，ラプラス変換は電気回路や制御工学の授業で，z変換はディジタル信号処理の授業などで別々に講義されることが多かった。しかし，これらは非常に密接に関係しており，一つの講義科目の中で一貫して学ぶことが望ましい。そのため，近年，フーリエ変換とラプラス変換を解説した書籍が数多く出版されるようになっており，非常に平易に書かれたものから，数学的に高度なものまで多岐にわたっている。大学でもこのような授業科目が増えてきており，教科書のニーズが高まっているものと思われる。

　本書の特徴を以下に列挙しよう。

(1) 数学者ではなく，工学者の立場，すなわち数学を利用する立場から，フーリエ解析，ラプラス変換，z 変換を解説している。
(2) 例題をできるだけ多く準備し，例題を解くことによって読者に力をつけてもらうことを目的としている。
(3) 連続時間であるフーリエ解析・ラプラス変換と，離散時間である z 変換を続けて学ぶことによって，連続時間（物理の世界）と離散時間（情報の世界）の垣根をできるだけ低くすることを目指している。

以下，これらの特徴について少し詳しく述べたい。最初に，著者は数学者ではないので，本書は数学的に厳密でないところが多々あることをお詫びしておきたい。フーリエ解析，ラプラス変換，z 変換は，さまざまな工学分野で利用できる素晴らしい数学的な道具である。本書でそのことを理解した後，より高みを目指す読者は，数学的に厳密な本を探して勉強していただきたい。

つぎに，理工学書を和書と洋書とで比べるといろいろな面で差があるが，最も大きな差は，洋書のほうが例題や演習問題が圧倒的に多いということだろう。いろいろな電子機器が発達してどんなに便利になっていっても，理工系の基礎の習得には，紙と鉛筆を使って問題を何度も解くこと以外にないと著者は信じている。表面的に理解し，わかったつもりになっていても，それを書くことによって頭と体に定着させる作業を行わないと，せっかく勉強したことが短期記憶で終わってしまい，身につかない。そのために，本書では限られたページ数の範囲で例題をたくさん盛り込んだ。また，2 単位の通常の授業を想定して，問題を集中的に解くことを目的とした二つの章「中間試験」と「期末試験」を設けたことも本書の特徴である。

物理現象を扱う分野では連続時間信号（関数）とシステムが対象であり，情報を扱う分野では離散時間（ディジタル）信号とシステムが対象である。これは，物理と情報の本質的な相違点の一つである。そのため，「物理と情報の融合」が科学の世界における現在の最重要課題の一つになっている。われわれの学科である「物理情報工学科」は，まさにこの物理と情報の融合を目的としており，その目的のもと，2 年生秋学期にフーリエ解析，ラプラス変換，z 変換を

学ぶことには大きな意義があると思っている。これが3番目の特徴である。

　フーリエ解析，ラプラス変換，z変換という数学の基礎を学ぶことは時として退屈な作業かもしれないが，本書によってこれらの基礎を習得すれば，読者は強力な数学的な道具を手に入れることになるだろう。そして，引き続き学習するであろう「制御工学」，「ディジタル信号処理」などの理解の大きな助けになると著者は信じている。

　著者の浅学のために，本書の内容には誤りがあるかもしれない。そのときには厳しくご指導いただければ幸いである。

　最後に，新科目「物理情報数学C」がスタートした2011年度に，この授業のTA（teaching assistant）として演習問題の解答の作成などにご協力いただいた川口貴弘君と石川健太郎君（当時，足立研究室修士課程在学）と，問題解答のチェックをしていただいた足立研究室の他の学生に感謝します。授業を共同で担当していただいている田中敏幸教授には，中間試験・期末試験の問題作成などでたいへんお世話になり，また，本書の原稿を注意深く読んでいただき有益なご指摘をいただいた。ここに深く感謝します。最後に，本書の発行に際してさまざまな点でお世話になったコロナ社に感謝します。

2014年8月

　　　　　　　　　　　　　　　　　　　　　　　　　　　　　　足立修一

目　　　次

1.　信号とシステム

1.1　信号の分類 ··· *1*
1.2　基本的な連続時間信号 ·· *3*
　1.2.1　正弦波信号 ·· *3*
　1.2.2　複素指数信号 ··· *5*
　1.2.3　単位ステップ信号 ··· *10*
　1.2.4　単位インパルス信号 ·· *11*
　1.2.5　矩形信号 ··· *12*
　1.2.6　符号信号 ··· *13*
1.3　基本周期 ·· *13*
1.4　信号の分解 ·· *16*
1.5　信号の操作 ·· *20*
1.6　システム ·· *26*
1.7　本章のポイント ··· *31*
1.8　付録：三角関数の復習 ·· *32*

2.　線形時不変システム

2.1　重ね合わせの理と線形システム ··· *36*
2.2　単位インパルス信号による連続時間信号の表現 ···················· *38*
2.3　インパルス応答による LTI システムの記述 ························· *40*

2.4 たたみ込み積分の計算法 ……………………………………… 45
2.5 たたみ込み積分の性質 …………………………………………… 52
2.6 LTI システムの性質 ……………………………………………… 55
2.7 本章のポイント …………………………………………………… 57

3. フーリエ解析

3.1 内 積 と 直 交 ……………………………………………………… 58
　3.1.1 ベクトルの内積と直交 ……………………………………… 58
　3.1.2 関数の内積と直交 …………………………………………… 61
3.2 フーリエ級数 ……………………………………………………… 64
　3.2.1 さまざまなフーリエ級数 …………………………………… 64
　3.2.2 フーリエ級数の例題 ………………………………………… 69
　3.2.3 複素フーリエ級数 …………………………………………… 77
　3.2.4 フーリエ級数を用いた無限級の和の公式の導出 ………… 81
　3.2.5 パーセバルの定理 …………………………………………… 82
3.3 フーリエ変換 ……………………………………………………… 82
　3.3.1 フーリエ変換の定義 ………………………………………… 83
　3.3.2 周期関数のフーリエ変換 …………………………………… 91
3.4 フーリエ変換の性質 ……………………………………………… 96
3.5 本章のポイント …………………………………………………… 106

4. 中 間 試 験

108

5. ラプラス変換

5.1 ラプラス変換と逆ラプラス変換 …………………………………… 113
5.2 基本的な連続時間信号のラプラス変換 ……………………………… 115
5.3 ラプラス変換とフーリエ変換 ………………………………………… 123
5.4 ラプラス変換の性質 …………………………………………………… 124
5.5 部分分数展開を用いた逆ラプラス変換の計算 ……………………… 130
5.6 ラプラス変換を用いた微分方程式の解法 …………………………… 139
5.7 本章のポイント ………………………………………………………… 144

6. 信号のノルム

6.1 ノルム …………………………………………………………………… 145
6.2 持続的な信号の大きさ ………………………………………………… 147
6.3 信号のノルム …………………………………………………………… 151
6.4 本章のポイント ………………………………………………………… 157

7. 離散時間信号とシステム

7.1 離散時間信号 …………………………………………………………… 158
　7.1.1 正弦波信号 ………………………………………………………… 158
　7.1.2 複素指数信号 ……………………………………………………… 161
　7.1.3 基本的な離散時間信号 …………………………………………… 167
7.2 信号の分解と操作 ……………………………………………………… 170
　7.2.1 信号の分解 ………………………………………………………… 170
　7.2.2 信号の操作 ………………………………………………………… 171

7.3 離散時間LTIシステム ……………………………………………… 173
　7.3.1 離散時間信号の表現 ……………………………………… 174
　7.3.2 インパルス応答による離散時間LTIシステムの表現 ……… 175
7.4 本章のポイント ……………………………………………………… 180

8. z 変 換

8.1 z 変換と収束領域 …………………………………………………… 181
8.2 逆 z 変 換 …………………………………………………………… 191
　8.2.1 部分分数展開による逆 z 変換 ……………………………… 192
　8.2.2 べき級数展開による逆 z 変換 ……………………………… 195
8.3 z 変 換 の 性 質 …………………………………………………… 197
8.4 z 変換を用いた差分方程式の解法 …………………………………… 201
8.5 本章のポイント ……………………………………………………… 203

9. 期 末 試 験

204

付　　　　録 ……………………………………………………………… 207
A.1 中間試験の解答 ……………………………………………………… 207
A.2 期末試験の解答 ……………………………………………………… 210

参 考 文 献 ……………………………………………………………… 213
索　　　引 ……………………………………………………………… 214

1 信号とシステム

本章では信号とシステムの基礎について述べる。まず，基本的な連続時間信号を紹介する。特に，重要な信号である正弦波信号について，その周期性や基本周期を中心に詳しく述べる。また，信号の分解，操作などを解説する。ついで，システムの基礎を与える。

1.1 信号の分類

図 **1.1** は「あいうえお」と発声した音声を録音し，そのレベルを時間の関数として図示したものである。ここで，横軸は時間を表し，縦軸は音声のレベル（振幅）を表している。いま，時間を t とすると，音声レベルは関数の表記にならって $f(t)$ と表現できる。この例における音声レベルのように，物理系の状態に関する情報をなんらかの方法で伝達する量を**信号**（signal）という。

図 1.1 の時間と振幅（すなわち，横軸と縦軸）を連続量とするか離散量とするかによって，信号は 4 種類に分類することができ，それを**表 1.1** にまとめる。ここで，時間をとびとびにすることを**離散化**（discretization）といい，振幅を

図 **1.1** 信号の一例

表 1.1 信号の分類

	連続振幅	離散振幅
連続時間	連続時間信号	
	アナログ信号	多値信号
離散時間	離散時間信号	
	サンプル値信号	ディジタル信号

とびとびにすることを**量子化**（quantization）という。

まず，時間が連続量か離散量かにより，**連続時間信号**（continuous-time signal）と**離散時間信号**（discrete-time signal）に分類できる。さらに，連続時間信号はその振幅値が連続量か離散量かによって**アナログ信号**（analog signal）と**多値信号**（multi-level signal）に分類できる。われわれが通常取り扱う自然界に存在する信号の多くはアナログ信号である。一方，離散時間信号は**サンプル値信号**（sampled signal）と**ディジタル信号**（digital signal）に分類できる。

例えば，アナログ信号を計測する場合，すべての時間におけるデータを収集することは困難であるし，むだでもあるため，通常，ある一定間隔（これをサンプリング周期という）おきにデータを収集する。そのようにして得られたデータは，サンプル値信号になる。さらに，データを無限に高い精度で測定することはできないため，測定値の大きさの量子化も行わなくてはならない。したがって，本来アナログ信号であっても，われわれが処理する段階ではディジタル信号に変換されている場合が多い。

本書の前半では連続時間信号について考える。そして，後半では離散時間信号について考える。なお，本書では量子化については考えず，振幅はすべて連続量とする。

つぎに，**システム**（system）とは，与えられた信号になんらかの処理を施すもののことであり，図 **1.2** に示すように，入力信号 $x(t)$ を出力信号 $y(t)$ に写

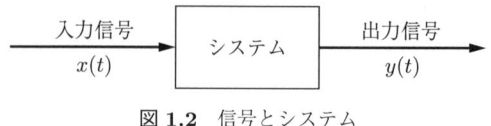

図 **1.2** 信号とシステム

像するものであると定義できる。このとき，入力信号と出力信号がともに連続時間信号であれば**連続時間システム**（continuous-time system）と呼ばれ，ともに離散時間信号であれば**離散時間システム**（discrete-time system）と呼ばれる。また，**ディジタルシステム**（digital system）も同様に定義される。

1.2 基本的な連続時間信号

まず，基本的な連続時間信号である正弦波信号，インパルス信号などを紹介し，それぞれの性質について調べよう。

1.2.1 正弦波信号

正弦波信号（sinusoidal signal）は次式で与えられる。

$$x(t) = A\cos(\omega_0 t + \phi) \tag{1.1}$$

ただし，t〔s〕は時間である。また，A，ω_0〔rad/s〕，ϕ〔rad〕は，それぞれ正弦波の（**最大**）**振幅**（magnitude），**角周波数**[†]（angular frequency），そして**位相**（phase）である。本書では，$\cos(\omega_0 t + \phi)$ と $\sin(\omega_0 t + \phi)$ を正弦波信号と総称する。また，角周波数 ω_0 と周波数 f_0〔Hz〕の間には，つぎの関係式が成り立つ。

$$\omega_0 = 2\pi f_0 \tag{1.2}$$

例題 1.1 次式で表される正弦波信号を図示せよ。

$$x(t) = \cos\left(100\pi t + \frac{\pi}{4}\right)$$

【解答】 波形を図 1.3 に示す。

[†] ω_0 を単に周波数と呼ぶこともある。

4   1. 信号とシステム

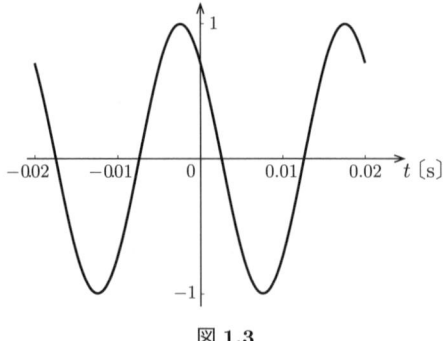

図 1.3

例題 1.2　つぎの波形を丁寧に描け。
(1)　$x_1(t) = \sin(\pi t)$
(2)　$x_2(t) = \cos\left(2t + \dfrac{\pi}{2}\right)$

【解答】　波形を図 1.4 に示す。

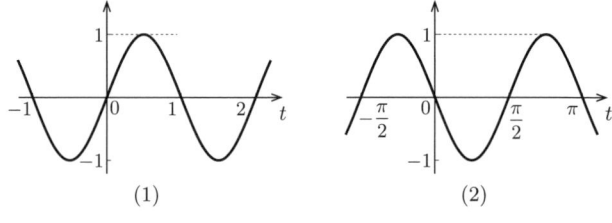

図 1.4

例題 1.3　つぎの波形を丁寧に描け。
(1)　$y_1(t) = 1 - \sin t$
(2)　$y_2(t) = \cos(\pi t)$
(3)　$y_3(t) = \sin\left(2t + \dfrac{\pi}{2}\right)$

【解答】　波形を図 1.5 に示す。

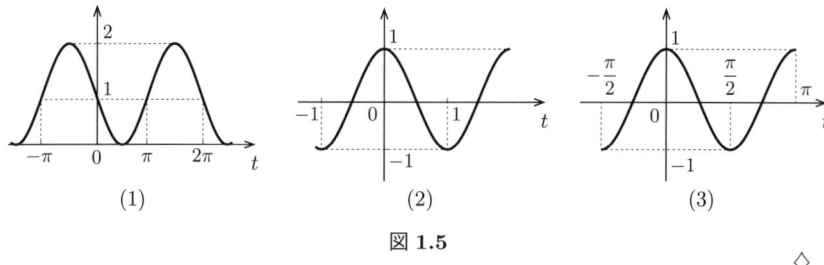

図 1.5

正弦波信号の最大の特徴は，つぎに定義を与える周期性である．

> 【ポイント 1.1】周期性　すべての t に対して
>
> $$x(t) = x(t+T) \tag{1.3}$$
>
> が成り立つような正数 T が存在するとき，信号 $x(t)$ は**周期** T の**周期信号**と呼ばれる．また，式 (1.3) を満たす T は無数存在するが，その中で最も小さい正数 T_0 を**基本周期**という．また，基本周期に対応する ω_0 を**基本角周波数**（fundamental angular frequency）という．

この定義より，式 (1.1) の正弦波信号は基本周期

$$T_0 = \frac{2\pi}{|\omega_0|} = \frac{1}{|f|} \tag{1.4}$$

を持つ周期信号である．ここで，T_0 の単位は秒〔s〕である．なお，本書では負の周波数も考えるために，$|\omega_0|$ のように絶対値記号を使った．

1.2.2　複素指数信号

正弦波信号を一般化したものが，次式で与える**複素指数信号**（complex exponential signal）$x(t)$ である．

$$x(t) = Ce^{at} \tag{1.5}$$

ただし，一般に C と a は複素数であり，これらが実数値をとるか複素数値をとるかにより，$x(t)$ は異なる波形になる．

（1） C と a がともに実数の場合　　この場合，$x(t)$ は実指数信号と呼ばれる。さらに，a の符号によって，図 **1.6** に示すように増大実指数信号と減少実指数信号の二つに分類できる。

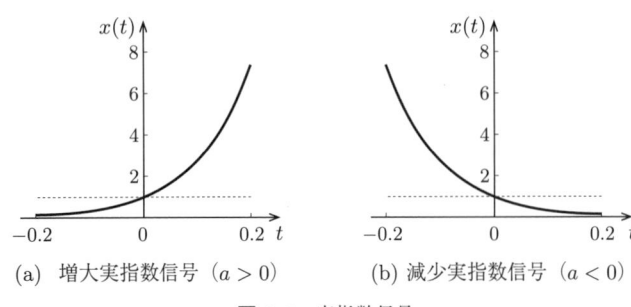

(a) 増大実指数信号（$a > 0$）　　　(b) 減少実指数信号（$a < 0$）

図 **1.6**　実指数信号

（2） a が純虚数の場合　　つぎに，a が純虚数の場合，すなわち

$$x(t) = e^{j\omega_0 t} \tag{1.6}$$

を考えよう。ただし，$j = \sqrt{-1}$ は虚数単位である[†]。また，$C = 1$ とおいた。複素数値をとる信号をイメージすることは難しいが，このような信号を定義すると，さまざまな利点がある。

まず，$x(t)$ は時間 t の複素関数であり，その絶対値（振幅）と偏角（位相角）はそれぞれ次式で与えられる。

絶対値：　$|x(t)| = 1, \ \forall t$ \hfill (1.7)

偏　角：　$\angle x(t) = \omega_0 t$ \hfill (1.8)

したがって，t をパラメータとして $x(t)$ を複素平面上に図示すると，図 **1.7** のようになる。

図より明らかなように，$x(t)$ の軌跡は半径 1 の円になる。ここで，この円を**単位円**（unit circle）と呼ぶ。図において，$t = 0$ のとき $x(t)$ は単位円上の点

[†] 数学では虚数単位を i で表記するが，特に電気工学では，i は電流を表すことが多いので虚数単位を j と表記することが多く，本書でもそれを用いる。

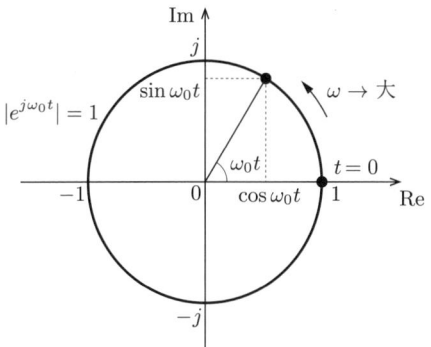

図 1.7 複素平面上における $e^{j\omega_0 t} = 1$ の軌跡

$(1, j0)$ に位置し，t が増加するにつれて，$x(t)$ は反時計回りに単位円上を移動する†。そして，この円を 1 周すると（すなわち 2π 動くと），もとの点 $(1, j0)$ に戻る。したがって，$x(t)$ は周期信号である。

つぎに，$x(t)$ の周期を求めよう。式 (1.6) を式 (1.3) へ代入すると

$$e^{j\omega_0 t} = e^{j\omega_0(t+T)} \tag{1.9}$$

となるので

$$e^{j\omega_0 T} = 1 \tag{1.10}$$

を満たす最小の正数が基本周期 T_0 である。よって

$$T_0 = \frac{2\pi}{|\omega_0|} \tag{1.11}$$

となる。また，式 (1.11) より $e^{j\omega_0 t}$ と $e^{-j\omega_0 t}$ は同じ基本周期を持つことがわかる。このように，この信号の基本周期は式 (1.4) の正弦波信号の基本周期と同じになった。

さらに，図 1.7 の単位円上の任意の点において，x 軸に垂線を下ろすとその座標は $\cos \omega_0 t$ になり，y 軸に垂線を下ろすとその座標は $\sin \omega_0 t$ になる。これが，よく知られたオイラー（Euler）の関係式である。

---

† これは $\omega_0 > 0$ のときであり，$\omega_0 < 0$ のときには時計回りに移動する。

【ポイント 1.2】オイラーの関係式

$$e^{j\omega_0 t} = \cos\omega_0 t + j\sin\omega_0 t \tag{1.12}$$

このように,複素指数信号は同じ基本周期を持つ正弦波を用いて記述できる。オイラーの関係式よりさまざまな公式を導出できるが,ここではその一部を復習しておこう。

【ポイント 1.3】複素関数論の復習　　オイラーの関係式より

$$e^{j\omega_0 t} = \cos\omega_0 t + j\sin\omega_0 t \tag{1.13}$$

$$e^{-j\omega_0 t} = \cos\omega_0 t - j\sin\omega_0 t \tag{1.14}$$

という連立方程式が得られる。これを解くと,つぎの関係式が得られる。

$$\cos\omega_0 t = \frac{1}{2}(e^{j\omega_0 t} + e^{-j\omega_0 t}) \tag{1.15}$$

$$\sin\omega_0 t = \frac{1}{2j}(e^{j\omega_0 t} - e^{-j\omega_0 t}) \tag{1.16}$$

式 (1.15) より,正弦波信号も次式のように複素指数信号を用いて記述できる。

$$A\cos(\omega_0 t + \phi) = \frac{A}{2}\left(e^{j\phi}e^{j\omega_0 t} + e^{-j\phi}e^{-j\omega_0 t}\right) \tag{1.17}$$

$$A\sin(\omega_0 t + \phi) = \frac{A}{j2}\left(e^{j\phi}e^{j\omega_0 t} - e^{-j\phi}e^{-j\omega_0 t}\right) \tag{1.18}$$

あるいは

$$A\cos(\omega_0 t + \phi) = A \cdot \mathrm{Re}[e^{j(\omega_0 t + \phi)}] \tag{1.19}$$

$$A\sin(\omega_0 t + \phi) = A \cdot \mathrm{Im}[e^{j(\omega_0 t + \phi)}] \tag{1.20}$$

ただし,$\mathrm{Re}[\cdot]$ は複素数の実部を,$\mathrm{Im}[\cdot]$ は虚部を表す。このように,複素指数信号は,正弦波信号と密接に関係しており,両者とも本書で重要な役割を果たす。

【ポイント 1.4】 ある正の角周波数 ω_0 の整数倍の基本角周波数を持つ周期的指数信号の集合をつぎのように定義する。

$$\phi_k(t) = e^{jk\omega_0 t}, \quad k = 0, \pm 1, \pm 2, \cdots \tag{1.21}$$

$k = 0$ のとき上式の $\phi_k(t)$ は定数になるが，$k \neq 0$ のときには $\phi_k(t)$ は基本周期 $2\pi/(|k|\omega_0)$（あるいは基本角周波数 $|k|\omega_0$）を持つ周期信号になる。

いま，ある信号が周期 T で周期的であれば，任意の自然数 m に対して周期 mT で周期的になるので，$\phi_k(t)$ のすべては $2\pi/\omega_0$ という共通の周期を持つことになる。このように関係づけられている信号 $\phi_k(t)$ の集合を，**調和関係にある複素指数信号**(harmonically related complex exponentials)という。

（3） C と a がともに複素数の場合 最後に，式 (1.5) 内の C と a がともに複素数の場合について考えよう。この場合は実指数信号と周期的複素指数信号を用いて説明できる。いま

$$C = |C|e^{j\theta}, \quad a = \sigma + j\omega_0 \tag{1.22}$$

とおくと，式 (1.5) はつぎのようになる。

$$\begin{aligned}
x(t) &= |C|e^{\sigma t}e^{j(\omega_0 t + \theta)} \\
&= |C|e^{\sigma t}\cos(\omega_0 t + \theta) + j|C|e^{\sigma t}\sin(\omega_0 t + \theta) \\
&= |C|e^{\sigma t}\cos(\omega_0 t + \theta) + j|C|e^{\sigma t}\cos\left(\omega_0 t + \theta - \frac{\pi}{2}\right)
\end{aligned} \tag{1.23}$$

これより，σ の符号により，つぎの 3 通りに場合分けできる。

(a) $\sigma < 0$ のとき：式 (1.23) の実部と虚部はともに正弦波に減衰指数関数を乗じた減衰正弦波になる。

(b) $\sigma = 0$ のとき：式 (1.23) の実部と虚部はともに正弦波になる。

(c) $\sigma > 0$ のとき：式 (1.23) の実部と虚部はともに正弦波に増加指数関数を乗じた増加正弦波になる。

それぞれの波形の例を**図 1.8** に示す。

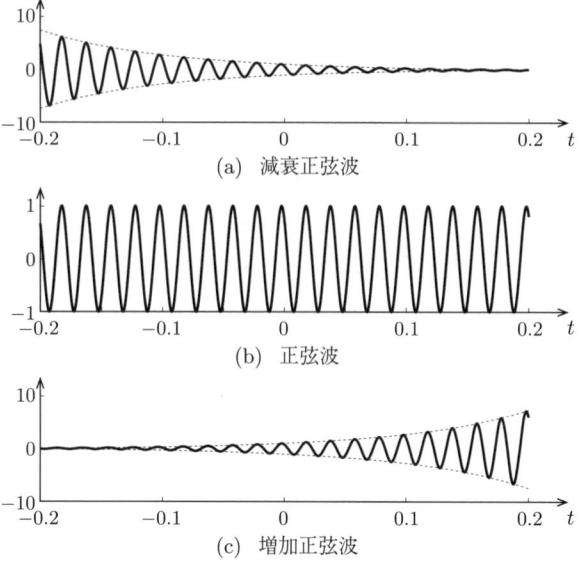

図 1.8 複素指数信号の例

1.2.3 単位ステップ信号

単位ステップ信号（unit step signal）を次式で定義する[†]。

$$u_s(t) = \begin{cases} 0, & t < 0 \\ 1, & t \geqq 0 \end{cases} \tag{1.24}$$

図 1.9 に単位ステップ信号を示す。この信号は $t = 0$ で不連続であるため，定義するためには本来は超関数の概念が必要になるが，ここでは $u_s(t)$ を連続関

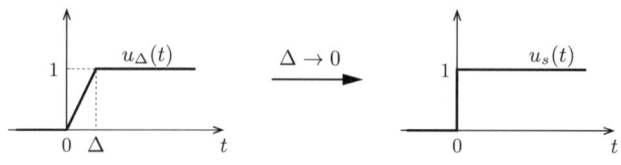

図 1.9 単位ステップ信号（右）とその導出（左）

[†] 単位ステップ信号は単位ステップ関数と呼ばれることが多いが，本書では信号という意味を強調するため，単位ステップ信号と呼ぶことにする。以下で紹介する信号も，関数と置き換えて呼ばれることもある。

数の極限と考えることにする。すなわち，図 1.9 に示す信号 $u_\Delta(t)$ の極限

$$u_s(t) = \lim_{\Delta \to 0} u_\Delta(t) \tag{1.25}$$

として単位ステップ信号を定義する。

1.2.4 単位インパルス信号

単位インパルス信号[†]（unit impulse signal）を数学的に厳密に定義するためには，単位ステップ信号の場合と同様に，超関数の概念が必要になる。しかしながら，ここでは**図 1.10** に示すように，面積が 1 の長方形 $\delta_\Delta(t)$ の $\Delta \to 0$ の極限として，単位インパルス信号 $\delta(t)$ を定義する。すなわち

$$\delta(t) = \lim_{\Delta \to 0} \delta_\Delta(t) \tag{1.26}$$

であり，ただし

$$\delta_\Delta(t) = \begin{cases} \dfrac{1}{\Delta}, & 0 < t < \Delta \\ 0, & \text{その他} \end{cases} \tag{1.27}$$

とおいた。ここで，$\delta_\Delta(t)$ と $u_\Delta(t)$ は，つぎの関係式を満たす。

$$\delta_\Delta(t) = \frac{\mathrm{d} u_\Delta(t)}{\mathrm{d} t} \tag{1.28}$$

$\delta(t)$ を正確に図示できないので，本書では図 1.10 に示すように大きさ 1 の矢印で表すことにする。また，面積が k のインパルス信号は $k\delta(t)$ と書く。

$\delta(t)$ を用いると，単位ステップ信号 $u_s(t)$ は次式で表される。

$$u_s(t) = \int_{-\infty}^{t} \delta(\tau)\,\mathrm{d}\tau = \int_{0}^{\infty} \delta(t-\sigma)\,\mathrm{d}\sigma \tag{1.29}$$

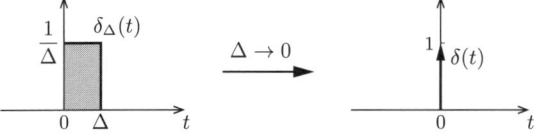

図 1.10 単位インパルス信号（右）とその導出（左）

[†] ディラックのデルタ関数（Dirac's delta function）とも呼ばれる。

単位インパルス信号の性質をつぎのポイントにまとめる。

【ポイント 1.5】単位インパルス信号の性質

性質 1： 単位インパルス信号は単位面積を持つ。すなわち

$$\int_{-\infty}^{\infty} \delta(t)\,\mathrm{d}t = 1$$

性質 2： 原点以外では単位インパルス信号の値は 0 である。すなわち

$$\delta(t) = 0, \quad t \neq 0$$

性質 3： 任意の信号 $x(t)$ に対して

$$\int_{-\infty}^{\infty} x(t)\delta(t-a)\,\mathrm{d}t = x(a)$$

が成り立つ。あるいは，つぎのようにも記述できる。

$$x(t)\delta(t-a) = x(a)\delta(t-a)$$

なお，性質 3 は 2 章で利用される。

1.2.5 矩 形 信 号

次式を満たす信号を**矩形信号**（rectangular signal）といい，その波形を図 **1.11** に示す。

$$\mathrm{rect}(t) = \begin{cases} 0, & |t| > 0.5 \\ 1, & |t| \leqq 0.5 \end{cases} \tag{1.30}$$

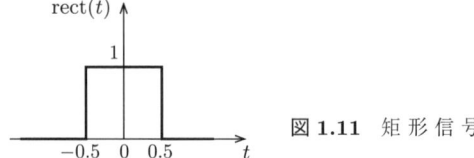

図 **1.11** 矩 形 信 号

1.2.6 符 号 信 号

次式を満たす信号を**符号信号**(sign signal; signum† signal)といい,その波形を**図 1.12**に示す。

$$\mathrm{sgn}(t) = \begin{cases} 1, & t > 0 \\ -1, & t < 0 \end{cases} \tag{1.31}$$

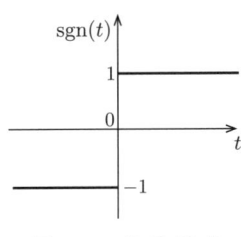

図 1.12 符 号 信 号

1.3 基 本 周 期

ポイント 1.1 で信号の周期性を定義した。その中で,基本周期が特に重要であり,3 章で学習するフーリエ級数展開では中心的な役割を果たす。そこで,本節ではおもに例題を通して,基本周期の計算法を学習しよう。

> **例題 1.4** つぎの信号の基本周期を求めよ。
> (1) $x_1(t) = \sin 2t$
> (2) $x_2(t) = \cos 3\pi t$
> (3) $x_3(t) = \cos t + \sqrt{3} \sin t$ (振幅と位相も求めよ)

【解答】 基本周期は以下のとおりである。
(1) $T_0 = 2\pi/2 = \pi$
(2) $T_0 = 2\pi/3\pi = 2/3$

---

† シグナムと発音する。

(3) 三角関数の合成（1.8 節の付録参照）を用いると

$$\cos t + \sqrt{3}\sin t = 2\cos\left(t - \frac{\pi}{3}\right)$$

となるので，基本周期は，$T_0 = 2\pi$，振幅 2，位相 $-\pi/3$ である。

例題 1.5 つぎの信号の基本周期を求めよ。

(1) $y_1(t) = \sin 3t$
(2) $y_2(t) = \cos 2\pi t$
(3) $y_3(t) = \sin t + \sqrt{3}\cos t$

【解答】 基本周期は以下のとおりである。

(1) $T_0 = 2\pi/3 = (2/3)\pi$
(2) $T_0 = 2\pi/2\pi = 1$
(3) $\sin t + \sqrt{3}\cos t = 2\sin(t + \pi/3)$ より，$T_0 = 2\pi$

つぎに，周期の異なる二つの正弦波の和の周期に関するポイントを与えよう。

【ポイント 1.6】周期 二つの正弦波の信号の和

$$f(t) = \cos\omega_1 t + \cos\omega_2 t \tag{1.32}$$

が，周期 T の周期信号であるためには，周波数の比が次式のように有理数にならなければならない。

$$\frac{\omega_2}{\omega_1} = \frac{m}{n} \tag{1.33}$$

例えば

$$f(t) = \cos\frac{t}{3} + \cos\frac{t}{4} \tag{1.34}$$

の周期 T を求めてみよう。

式 (1.3) の周期性の定義より

$$\cos\frac{t}{3} + \cos\frac{t}{4} = \cos\frac{t+T}{3} + \cos\frac{t+T}{4}$$

が得られる。いま，$\cos(t+2\pi m)=\cos t$, $\forall m$（整数）なので，m と n を整数として

$$\frac{T}{3}=2\pi m, \quad \frac{T}{4}=2\pi n$$

とおくと，$T=6\pi m=8\pi n$ となる。これより，$m=4$, $n=3$ のとき，T は最小値 24π をとり，これが $f(t)$ の基本周期である。

例題 1.6 つぎの信号の基本周期を求めよ。

(1) $f(t)=100\cos^2 t$

(2) $f(t)=\sin\dfrac{2\pi}{k}t$（$k$ は正の実数）

(3) $f(t)=\sin t+\sin 2t$

(4) $f(t)=\sin t+\sin\dfrac{t}{2}+\sin\dfrac{t}{3}$

(5) $f(t)=\displaystyle\sum_{k=1}^{\infty}b_k\sin kt$, $b_1\neq 0$

(6) $f(t)=2\sin t\cos\dfrac{t}{2}$

(7) $f(t)=|\sin 3t|$

(8) $f(t)=\cos\omega_0 t\cdot\sin 5\omega_0 t$

(9) $f(t)=\sin^2 t$

(10) $f(t)=\sin^3 t$

【解答】

(1) $\cos^2 t=\dfrac{1}{2}(1+\cos 2t)$ より，$f(t)=50+50\cos 2t$ となる。右辺第 1 項は直流成分なので周波数が 0 であり，周期には影響しない。右辺第 2 項は基本周期 π である。したがって，基本周期は $T_0=\pi$ である。

(2) $\dfrac{2\pi}{k}T_0=2\pi$ より，$T_0=k$ である。

(3) $T=2\pi l$, $2T=2\pi m$（l,m は整数）。したがって，$2\pi,\pi$ の最小公倍数より，$T_0=2\pi$ である。

(4) $T=2\pi l$, $\dfrac{T}{2}=2\pi m$, $\dfrac{T}{3}=2\pi n$（l,m,n は整数）。したがって，$2\pi,4\pi,6\pi$ の最小公倍数より，$T_0=12\pi$ である。

(5) $T=2\pi m_1$, $2T=2\pi m_2,\cdots,kT=2\pi m_k,\cdots$（$m_k$（$k=1,2,\cdots$）は整

(6) $f(t) = 2 \cdot \dfrac{1}{2}\left(\sin\left(t+\dfrac{t}{2}\right) + \sin\left(t-\dfrac{t}{2}\right)\right) = \sin\dfrac{3t}{2} + \sin\dfrac{t}{2}$ より, $\dfrac{2}{3}\times 2\pi$,
$2\times 2\pi$ の最小公倍数を考えて, $T_0 = 4\pi$ が得られる.

(7) 正弦波の絶対値をとると負の部分が折り返されるため, 周期は半分になる. よって, $3T_0 = \pi$, ゆえに, $T_0 = \dfrac{\pi}{3}$ である.

(8) $f(t) = \dfrac{1}{2}\left(\sin\left(5\omega_0 t + \omega_0 t\right) + \sin\left(5\omega_0 t - \omega_0 t\right)\right) = \dfrac{1}{2}\left(\sin 6\omega_0 + \sin 4\omega_0\right)$ である. したがって, $\dfrac{2\pi}{6\omega_0}, \dfrac{2\pi}{4\omega_0}$ の最小公倍数より, $T_0 = \dfrac{\pi}{\omega_0}$ となる.

(9) $f(t) = \dfrac{1}{2}(1 - \cos 2t)$ より, (1) と同様にして $T_0 = \pi$ が得られる.

(10) 3倍角の公式を用いると, $f(t) = \dfrac{1}{4}(3\sin t - \sin 3t)$ となる. したがって, $2\pi, \dfrac{2\pi}{3}$ の最小公倍数を考えて, $T_0 = 2\pi$ が得られる.

1.4 信号の分解

信号 $x(t)$ が

$$x(-t) = x(t) \tag{1.35}$$

を満たすとき, **偶信号**(even signal)と呼ばれる. 一方

$$x(-t) = -x(t) \tag{1.36}$$

を満たすとき, **奇信号**(odd signal)と呼ばれる[†].

このとき, つぎのような信号の分解に関するポイントがある.

[†] 奇信号, 偶信号は, それぞれ奇関数, 偶関数と同じ意味である.

1.4 信号の分解

【ポイント 1.7】**信号の偶奇分解** 任意の信号 $x(t)$ は，偶信号の部分 ($\mathcal{EV}\{x(t)\}$) と奇信号の部分 ($\mathcal{OD}\{x(t)\}$) の和に分解することができ，これを**偶奇分解**という。すなわち

$$x(t) = \mathcal{EV}\{x(t)\} + \mathcal{OD}\{x(t)\} \tag{1.37}$$

となる。ただし

$$\mathcal{EV}\{x(t)\} = \frac{1}{2}\{x(t) + x(-t)\} \tag{1.38}$$

$$\mathcal{OD}\{x(t)\} = \frac{1}{2}\{x(t) - x(-t)\} \tag{1.39}$$

例題 1.7 単位ステップ信号 $u_s(t)$ を偶奇分解せよ。

【解答】 $u_s(t)$ と $u_s(-t)$ を図 **1.13** (a), (b) に示す。まず，偶信号成分は

$$\mathcal{EV}\{u_s(t)\} = 0.5 \cdot \{u_s(t) + u_s(-t)\} = 0.5$$

であり，これを図 1.13 (c) に示す。また，奇信号成分は

$$\mathcal{OD}\{u_s(t)\} = 0.5 \cdot \{u_s(t) - u_s(-t)\} = u_s(t) - 0.5 = 0.5 \cdot \mathrm{sgn}(t)$$

であり，これを図 1.13 (d) に示す。

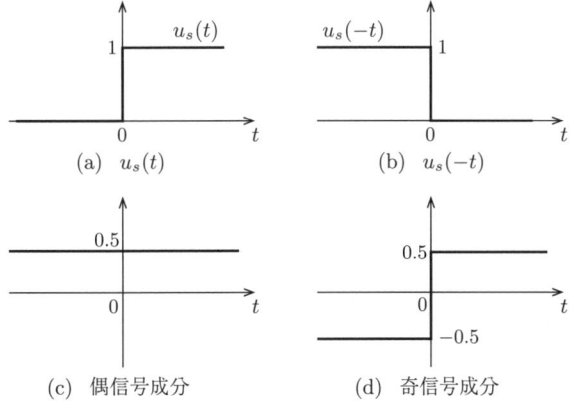

図 **1.13**

例題 1.8 以下に示す信号 $f(t)$ に対して，$f(t)$ と $f(-t)$ を図示せよ。その結果を用いて，$f(t)$ を偶信号成分 $f_e(t)$ と奇信号成分 $f_o(t)$ に分解し，それらのグラフを図示せよ。

$$f(t) = \begin{cases} t, & t \geq 0 \\ 0, & t < 0 \end{cases} \tag{1.40}$$

【解答】 $f(t)$ と $f(-t)$ を図 **1.14** に示す。

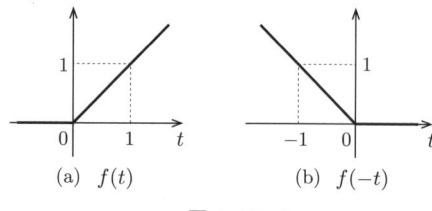

図 **1.14**

また，偶信号成分と奇信号成分は，それぞれつぎのように計算される。

$$f_e(t) = \frac{1}{2}(f(t) + f(-t)) = \begin{cases} 0.5t, & t \geq 0 \\ -0.5t, & t < 0 \end{cases}$$

$$f_o(t) = \frac{1}{2}(f(t) - f(-t)) = 0.5t$$

これらを図示すると，図 **1.15** が得られる。

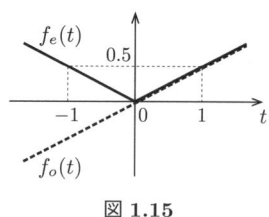

図 **1.15**

例題 1.9 以下に示す信号 $f(t)$ に対して，$f(t)$ と $f(-t)$ を図示せよ。その結果を用いて，$f(t)$ を偶信号成分 $f_e(t)$ と奇信号成分 $f_o(t)$ に分解し，それらのグラフを図示せよ。

$$f(t) = \begin{cases} e^{-t}, & t \geqq 0 \\ 0, & t < 0 \end{cases} \tag{1.41}$$

ただし，$t = 0$ の点は無視する。

【解答】 $f(t)$ と $f(-t)$ を図 **1.16** に示す。

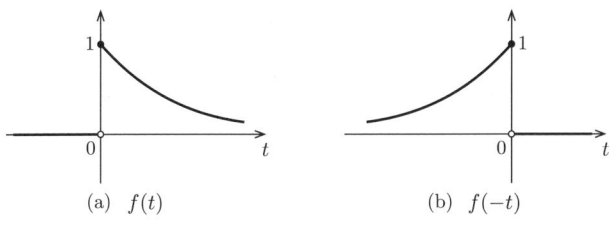

(a) $f(t)$ (b) $f(-t)$

図 **1.16**

また，偶信号成分と奇信号成分は，それぞれつぎのように計算される。

$$f_e(t) = \begin{cases} 0.5e^{-t}, & t \geqq 0 \\ 0.5e^{t}, & t < 0 \end{cases}$$

$$f_o(t) = \begin{cases} 0.5e^{-t}, & t > 0 \\ -0.5e^{t}, & t < 0 \end{cases}$$

これらを図示すると，図 **1.17** が得られる。

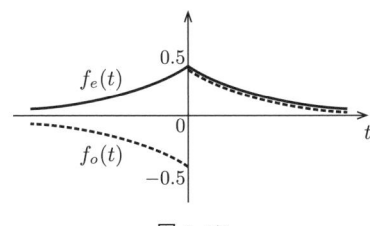

図 **1.17**

例題 1.10 つぎの信号を偶奇分解せよ.
(1) $x(t) = 1 + t + t^2 + t^3$
(2) $x(t) = \cos t + \sin t + 2\sin t \cos t$

【解答】
(1) 偶信号成分は $x_e(t) = 1 + t^2$ で, 奇信号成分は $x_o(t) = t + t^3$ である.
(2) $x(t) = \cos t + \sin t + \sin 2t$ と変形できるので, 偶信号成分は $x_e(t) = \cos t$ で, 奇関数成分は $x_o(t) = \sin t + \sin 2t$ である.

例題 1.11 符号信号 $\mathrm{sgn}(t)$ を単位ステップ信号 $u_s(t)$ を用いて表せ.

【解答】 例題 1.7 より $u_s(t) - 0.5 = 0.5\mathrm{sgn}(t)$ なので, $\mathrm{sgn}(t) = 2u_s(t) - 1$ である.

1.5 信号の操作

信号に対していろいろな操作を施すことができるが, ここではそのうちのいくつかを紹介しよう.

(1) **信号の反転**: 信号 $x(t)$ に対して $x(-t)$ という信号を構成すると, これは $t = 0$ に関してもとの波形を反転させたものになる. このような操作を信号の反転という. 図 **1.18** に信号の反転の一例を示す.

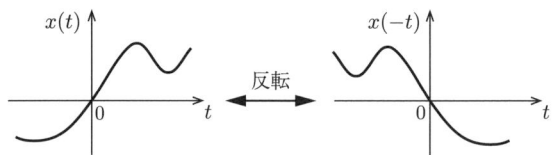

図 **1.18** 信号の反転

(2) **時間軸スケーリング**: 信号 $x(t)$ に対する信号 $x(2t)$ と $x(t/2)$ を図 **1.19** に示す. 図より, 時間軸が 2 倍(あるいは半分)にスケーリングされていることがわかる.

1.5 信号の操作　21

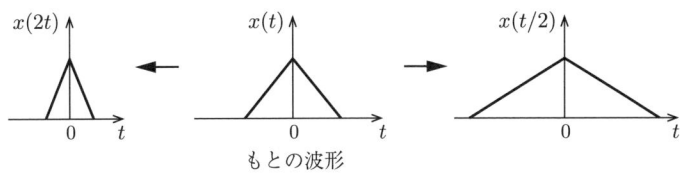

図 **1.19**　時間軸スケーリング

(3) **時間軸推移（シフト）**：信号 $x(t-k)$, $k>0$ を図 **1.20** (a) に示す。また，信号 $x(t-k)$, $k<0$ を図 1.20 (b) に示す。図より，$k>0$ のときは信号が遅れ，逆に $k<0$ のときは信号が進んでいることがわかる。

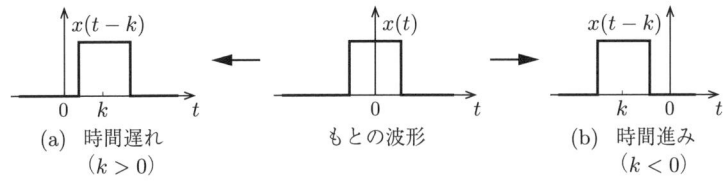

図 **1.20**　時間軸推移

例題 1.12　$\mathrm{rect}(t/2)$ を図示せよ。

【解答】　$\mathrm{rect}(t/2)$ を図 **1.21** に示す。

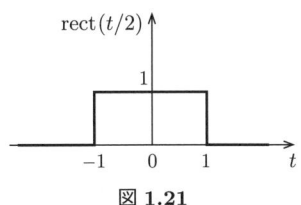

図 **1.21**

例題 1.13　信号 $x(t) = \sin t$ を図示せよ。また，信号 $y(t) = \sin(t-\pi)$ を図示せよ。

【解答】　$x(t)$ と $y(t)$ を図 **1.22** に示す。$y(t)$ は $x(t)$ より π だけ波形が遅れていることがわかる。

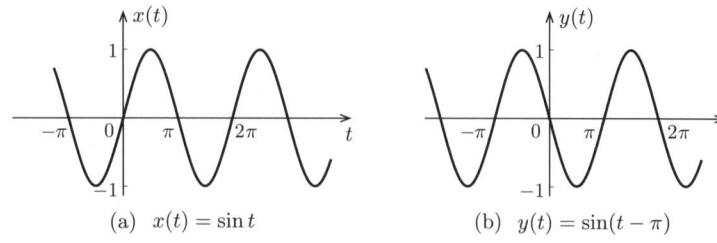

(a) $x(t) = \sin t$ (b) $y(t) = \sin(t - \pi)$

図 **1.22**

例題 1.14 図 **1.23** に示す矩形信号に対して，以下の信号を図示せよ．

(1) $x(t-2)$ (2) $x(t+2)$ (3) $x(2t)$

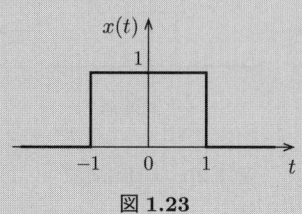

図 **1.23**

【解答】 それぞれの信号を図 **1.24** に示す．

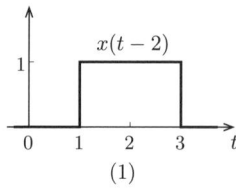
(1)

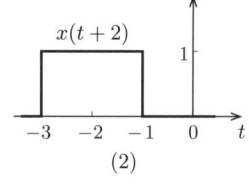
(2)

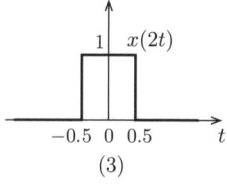
(3)

図 **1.24**

例題 1.15 図 **1.25** に示す信号に対して，つぎの信号を図示せよ．

(1) $x(2t)$ (2) $x(-t)$ (3) $x(-t+1)$

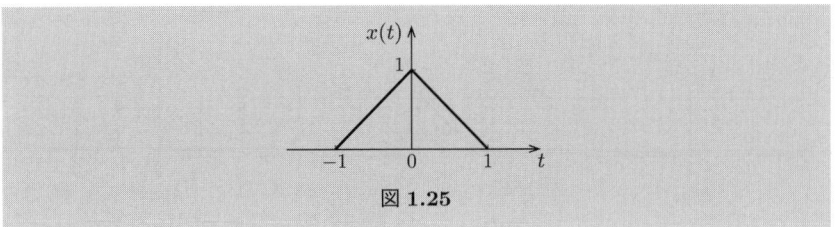

図 1.25

【解答】 それぞれの信号を図 1.26 に示す。

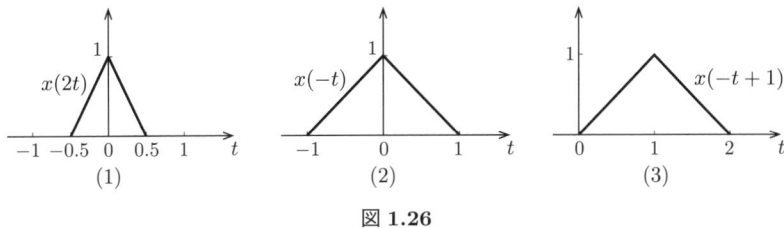

図 1.26

例題 1.16 例題 1.14 で用いた矩形信号 $x(t)$ に対して,信号 $y(t) = x(2t+3)$ をつぎの手順で求め,図示せよ。

(1) $z(t) = x(t+3)$ を図示せよ。

(2) $y(t) = z(2t) = x(2t+3)$ を図示せよ。

【解答】 それぞれの信号を図 1.27 に示す。

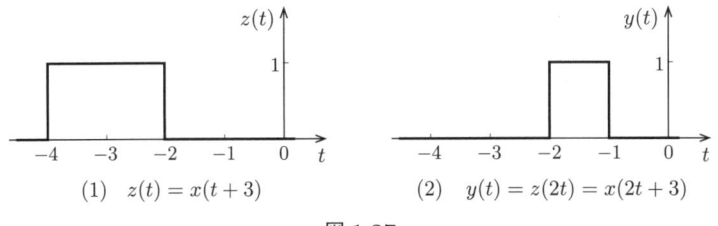

図 1.27

例題 1.17 図 1.28 に示す信号を式で表せ。なお,(1), (2), (4), (5) では単位ステップ信号 $u_s(t)$ を用いて表せ。

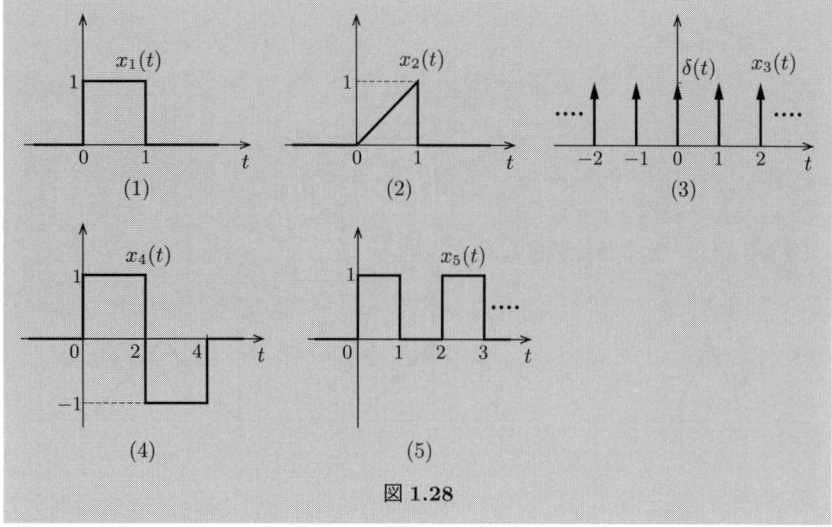

図 **1.28**

【解答】

(1) 信号 $x_1(t)$ は図 **1.29** (1) のように分解できるので

$$x_1(t) = u_s(t) - u_s(t-1)$$

(2) 信号 $x_2(t)$ は図 1.29 (2) のように分解できるので

$$x_2(t) = t\{u_s(t) - u_s(t-1)\}$$

(3) $x_3(t) = \displaystyle\sum_{n=-\infty}^{\infty} \delta(t-n)$

(4) $x_4(t) = u_s(t) - 2u_s(t-2) + u_s(t-4)$

(5) $x_5(t) = x_1(t) + x_1(t-2) + x_1(t-4) + \cdots$
$x_1(t) = u_s(t) - u_s(t-1)$

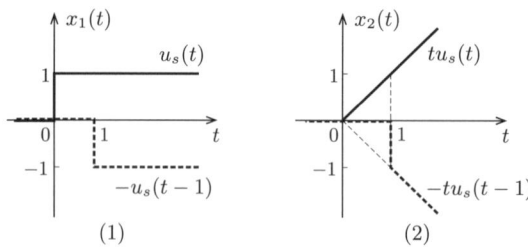

図 **1.29**

なので
$$x_5(t) = u_s(t) - u_s(t-1) + u_s(t-2) - u_s(t-3) + \cdots$$
$$= \sum_{k=0}^{\infty} u_s(t-2k) - u_s(t-2k-1)$$

例題 1.18 図 1.30 に示す二つの信号を，単位ステップ信号 $u_s(t)$ を用いて表せ。

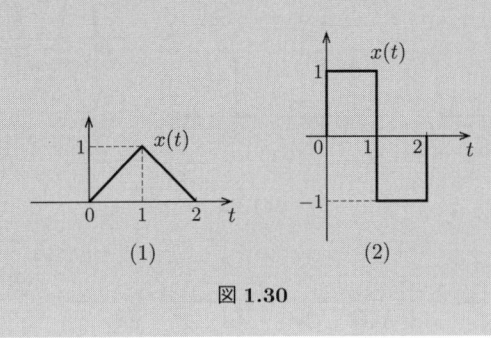

図 1.30

【解答】
(1) $x(t) = tu_s(t) - 2(t-1)u_s(t-1) + (t-2)u_s(t-2)$
(2) $x(t) = u_s(t) - 2u_s(t-1) + u_s(t-2)$

例題 1.19 例題 1.15 で用いた信号に対して，$y(t) = x(0.5t+2)$ を図示せよ。

【解答】 信号を図 1.31 に示す。

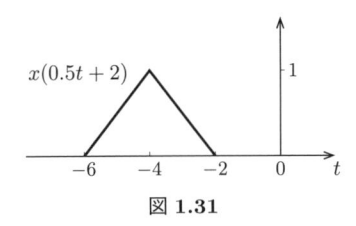

図 1.31

例題 1.20 つぎの信号を図示せよ。
(1) $u_s(6-2t)$

(2) $\delta(t^2 - 2t - 3)$

(3) $e^{-t}\sin t \cdot u_s(t)$（概形でよい）

【解答】 図 1.32 に示す。

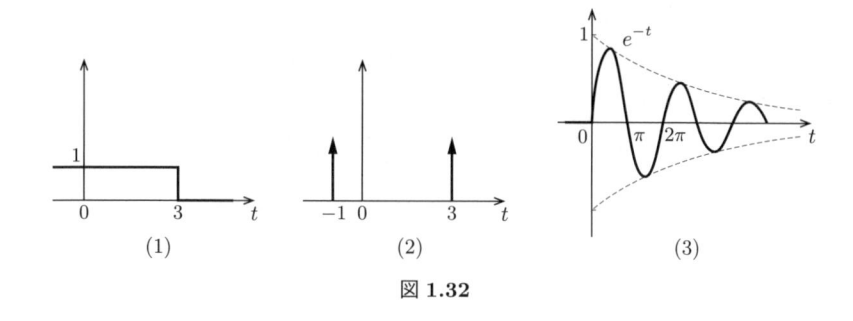

図 1.32

1.6 システム

ここでは基本的なシステムの例を与えよう。

まず，図 1.33 に示す質点の運動について考える。この図は，質量 m の物体に力 f を加えたとき，物体が x 移動する**力学システム** (mechanical system) を示している。よく知られているように，床に摩擦などが存在しない理想的な状況では，これは剛体の並進運動であり，ニュートン (Newton) の運動方程式より

$$m\frac{\mathrm{d}^2 x(t)}{\mathrm{d}t^2} = f(t) \tag{1.42}$$

が得られる。このとき，力 $f(t)$ を入力，変位 $x(t)$ を出力と考えると，この物体の並進運動はシステムの一例となり，微分方程式 (1.42) がシステムを記述していることになる。図 1.2 にならうと，このシステムは図 1.34 のように表すことができる。

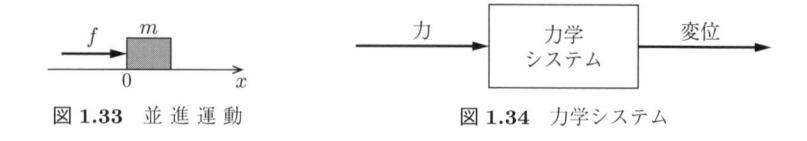

図 1.33 並進運動 図 1.34 力学システム

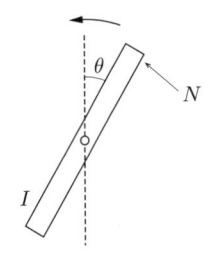

図 1.35 回 転 運 動

同様にして，**図 1.35** に示す回転運動について考える。これは，慣性モーメント I の剛体にトルク（力のモーメントともいう）N を加えると，角度が θ 変位する力学システムを示している。このような剛体の回転運動は，つぎの微分方程式で記述できる。

$$I\frac{\mathrm{d}^2\theta(t)}{\mathrm{d}t^2} = N(t) \tag{1.43}$$

このとき，トルク $N(t)$ を入力，角変位 $\theta(t)$ を出力と考えると，この物体の回転運動もシステムの一例となる。

さらに，より一般的な物体の並進運動について考えよう。物体がばね定数 k を持つばねと粘性摩擦係数 b のダンパにつながれている場合（**図 1.36**）について考える。この運動は，2 階微分方程式

$$m\frac{\mathrm{d}^2x(t)}{\mathrm{d}t^2} + b\frac{\mathrm{d}x(t)}{\mathrm{d}t} + kx(t) = f(t) \tag{1.44}$$

により記述される。

以上では，力学システムの代表例である並進運動と回転運動を示したが，**電気回路**（electric circuit）に対しても同様の例を見出すことができる。例えば，**図 1.37** に示す，抵抗とキャパシタンスからなる RC 回路を考えよう。

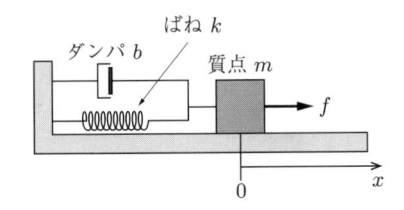

図 1.36 一般的な並進運動

図 1.37　RC 回路

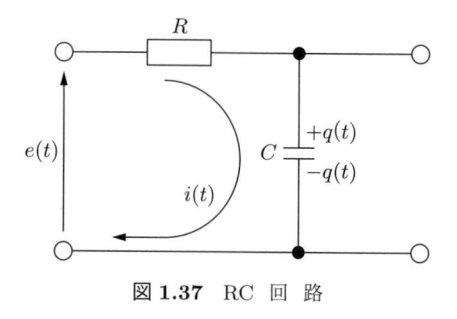

いま，図の左側の端子間電圧 $e(t)$ を入力，キャパシタンス C の電荷 $q(t)$ を出力と考えると，キルヒホッフ（Kirchhoff）の電圧則から

$$Ri(t) + \frac{1}{C} \int i(t)\,\mathrm{d}t = e(t) \tag{1.45}$$

が得られる。ただし，$i(t)$ は回路を流れる電流である。電荷と電流は，関係式

$$i(t) = \frac{\mathrm{d}q(t)}{\mathrm{d}t}$$

を満たすので，微分方程式

$$R\frac{\mathrm{d}q(t)}{\mathrm{d}t} + \frac{1}{C}q(t) = e(t) \tag{1.46}$$

が得られる。したがって，この電気回路をシステムと考えると，その入力と出力は微分方程式 (1.46) によって関係づけられている。

つぎに，より一般的な電気回路である RLC 回路（図 **1.38**）について考えよう。

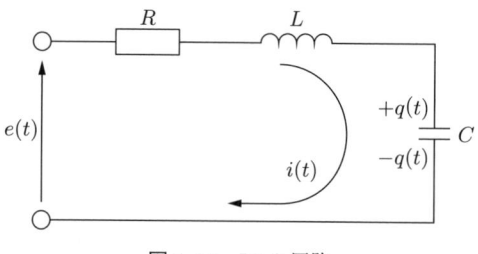

図 1.38　RLC 回路

いま，端子間電圧 $e(t)$ を入力とし，キャパシタンスの両端の電荷 $q(t)$ を出力とすると，2 階微分方程式

$$L\frac{\mathrm{d}^2 q(t)}{\mathrm{d}t^2} + R\frac{\mathrm{d}q(t)}{\mathrm{d}t} + \frac{1}{C}q(t) = e(t) \tag{1.47}$$

が得られる．したがって，この RLC 回路は式 (1.47) によって記述されるシステムである．

ここで紹介した力学システムと電気回路はともに 2 階微分方程式で記述でき，たがいに類似性を持っていることに気がつく．これを力学システムと電気回路の**アナロジー**（analogy）といい，**表 1.2** に対応関係をまとめる．

表 1.2　力学システムと電気回路のアナロジー

	力学システム (並進運動)	力学システム (回転運動)	電気回路
入力	力 (f)	トルク (N)	電圧 (e)
出力	変位 (x)	角変位 (θ)	電荷 (q)
物理量	質量 (m) 摩擦係数 (b) ばね定数 (k)	慣性モーメント (I) 摩擦係数 (b) ばね定数 (k)	インダクタンス (L) 抵抗 (R) キャパシタンス ($1/C$)

例題 1.21　図 1.39 に示す力学システムを考える．ただし，質点の質量を m，ばね定数を k とし，床に摩擦はないものとする．

(1) 質点を平衡点から x_0 だけ引っ張り，静かに放すとき，この力学システムを記述する微分方程式を導き，その解を求めよ．

(2) (1) で得られた変位 $x(t)$ のグラフを描け．ただし，$x_0 = m = k = 1$ とする．

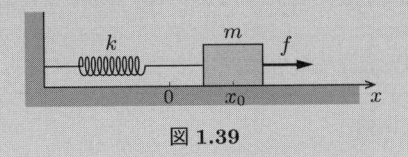

図 1.39

【解答】

(1) 運動方程式 $m\dfrac{\mathrm{d}^2 x}{\mathrm{d}t^2} + kx = 0$, $x(0) = x_0$ を解くことにより，$x(t) = x_0 \cos\sqrt{\dfrac{k}{m}}\,t$ が得られる。これは固有角周波数 $\omega_n = \sqrt{\dfrac{k}{m}}$ の単振動である。

(2) この場合，$x(t) = \cos t$ となる。その変位の波形を図 **1.40** に示す。

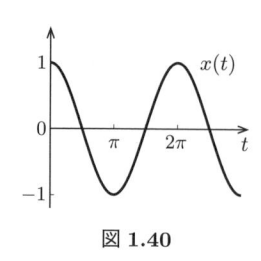

図 **1.40**

例題 1.22 図 **1.41** に示す RC 回路について，以下の問に答えよ。

(1) キャパシタンスの両端の電荷を $\pm q(t)$ として，回路方程式を導け。

(2) 電荷の初期値を q_0 として，(1) で求めた回路方程式を解き，$q(t)$ を求め，図示せよ。

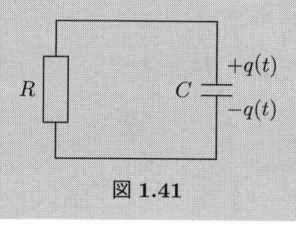

図 **1.41**

【解答】

(1) 回路を流れる電流を $i(t)$ とすると，キルヒホッフの電圧則より

$$Ri(t) + \frac{1}{C}\int i(t)\,\mathrm{d}t = 0$$

が得られる。関係式

$$i(t) = \frac{\mathrm{d}q(t)}{\mathrm{d}t}$$

を用いると，微分方程式

$$RC\frac{\mathrm{d}q(t)}{\mathrm{d}t} + q(t) = 0$$

が得られる。

(2) 初期値を考慮して (1) で求めた微分方程式を解くと

$$q(t) = q_0 e^{-\frac{1}{RC}t}$$

が得られる。$q_0 = 1$, $RC = 1$ としたときの電荷 $q(t)$ を図 **1.42** に示す。図より，$q(t)$ は減衰する指数信号である。

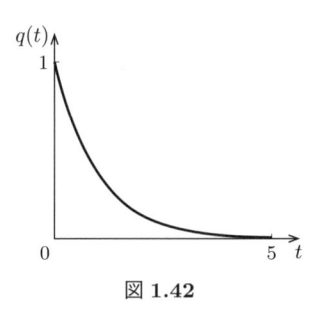

図 **1.42**

1.7 本章のポイント

- 信号とシステムを取り扱うための基本的な数学である複素数，三角関数の計算をマスターすること。

- 連続時間複素指数信号とその特殊な場合である正弦波を理解すること。

- 連続，離散，ディジタルなど，信号とシステムに関する基本的な用語を理解すること。

- 基本的な信号の波形を作図できるようになること。

- 力学システム，電気回路に代表される基本的なシステムについて理解すること。

1.8　付録：三角関数の復習

本書では，三角関数の知識をいろいろな場面で利用する。そこで，これまで学習してきた三角関数の公式をまとめておこう。

【公式 1.1】　加法定理

$$\sin(\alpha \pm \beta) = \sin\alpha\cos\beta \pm \cos\alpha\sin\beta \tag{1.48}$$

$$\cos(\alpha \pm \beta) = \cos\alpha\cos\beta \mp \sin\alpha\sin\beta \tag{1.49}$$

これらの加法定理は，オイラーの関係式を用いて導出することができる。例えば

$$\begin{aligned}
\sin(\alpha+\beta) &= \frac{1}{2j}\left(e^{j(\alpha+\beta)} - e^{-j(\alpha+\beta)}\right) \\
&= \frac{1}{2j}\left(e^{j\alpha}e^{j\beta} - e^{-j\alpha}e^{-j\beta}\right) \\
&= \frac{1}{2j}[(\cos\alpha + j\sin\alpha)(\cos\beta + j\sin\beta) \\
&\quad -(\cos\alpha - j\sin\alpha)(\cos\beta - j\sin\beta)] \\
&= \cos\alpha\sin\beta + \sin\alpha\cos\beta
\end{aligned}$$

のように導出できる。そのほかの導出は読者への演習問題とする。

しかし，加法定理は三角関数の基本となる定理なので，暗記しておいたほうがよいだろう。

【公式 1.2】　加法定理

$$\tan(\alpha \pm \beta) = \frac{\tan\alpha \pm \tan\beta}{1 \mp \tan\alpha\tan\beta} \tag{1.50}$$

この公式は，公式 1.1 からつぎのように導出できる．

$$\tan(\alpha \pm \beta) = \frac{\sin(\alpha \pm \beta)}{\cos(\alpha \pm \beta)} = \frac{\sin\alpha\cos\beta \pm \cos\alpha\sin\beta}{\cos\alpha\cos\beta \mp \sin\alpha\sin\beta}$$

最後の式の分子・分母を $\cos\alpha\cos\beta$ で割ると

$$\tan(\alpha \pm \beta) = \frac{\tan\alpha \pm \tan\beta}{1 \mp \tan\alpha\tan\beta}$$

が得られる．

式 (1.48), (1.49) において $\alpha = \beta$ とおくことにより，つぎの公式が得られる．

【公式 1.3】 倍角の公式

$$\sin 2\alpha = 2\sin\alpha\cos\alpha \tag{1.51}$$

$$\cos 2\alpha = 1 - 2\sin^2\alpha = 2\cos^2\alpha - 1 \tag{1.52}$$

倍角の公式を繰り返し用いることにより，つぎの 3 倍角の公式が得られる．

【公式 1.4】 3 倍角の公式

$$\sin 3\alpha = 3\sin\alpha - 4\sin^3\alpha \tag{1.53}$$

$$\cos 3\alpha = -3\cos\alpha + 4\cos^3\alpha \tag{1.54}$$

式 (1.52) より，つぎの公式が得られる．

【公式 1.5】 半角の公式

$$\sin^2\frac{\alpha}{2} = \frac{1 - \cos\alpha}{2} \tag{1.55}$$

$$\cos^2\frac{\alpha}{2} = \frac{1 + \cos\alpha}{2} \tag{1.56}$$

【公式 1.6】 積 ⇒ 和の公式

$$\cos\alpha\cos\beta = \frac{1}{2}\{\cos(\alpha+\beta) + \cos(\alpha-\beta)\} \tag{1.57}$$

$$\sin\alpha\sin\beta = -\frac{1}{2}\{\cos(\alpha+\beta) - \cos(\alpha-\beta)\} \tag{1.58}$$

$$\sin\alpha\cos\beta = \frac{1}{2}\{\sin(\alpha+\beta) + \sin(\alpha-\beta)\} \tag{1.59}$$

$$\cos\alpha\sin\beta = \frac{1}{2}\{\sin(\alpha+\beta) - \sin(\alpha-\beta)\} \tag{1.60}$$

これらの公式はすべて加法定理から導出できる。例えば，cos の加法定理 (1.49) より

$$\cos(\alpha+\beta) = \cos\alpha\cos\beta - \sin\alpha\sin\beta \tag{1.61}$$

$$\cos(\alpha-\beta) = \cos\alpha\cos\beta + \sin\alpha\sin\beta \tag{1.62}$$

が得られる。これらの式を足すと式 (1.57) が導かれ，引くと式 (1.58) が導かれる。

【公式 1.7】 和 ⇒ 積の公式

$$\sin A + \sin B = 2\sin\frac{A+B}{2}\cos\frac{A-B}{2} \tag{1.63}$$

$$\sin A - \sin B = 2\cos\frac{A+B}{2}\sin\frac{A-B}{2} \tag{1.64}$$

$$\cos A + \cos B = 2\cos\frac{A+B}{2}\cos\frac{A-B}{2} \tag{1.65}$$

$$\cos A - \cos B = -2\sin\frac{A+B}{2}\sin\frac{A-B}{2} \tag{1.66}$$

$A = \alpha + \beta$，$B = \alpha - \beta$ とおき，公式 1.6 の積 ⇒ 和の公式を用いると導かれる。

1.8 付録：三角関数の復習

【公式 1.8】 三角関数の合成

$$a\cos\theta + b\sin\theta = \sqrt{a^2+b^2}\cos\left(\theta - \arctan\left(\frac{b}{a}\right)\right) \qquad (1.67)$$

$$= \sqrt{a^2+b^2}\sin\left(\theta + \arctan\left(\frac{a}{b}\right)\right) \qquad (1.68)$$

式 (1.67) の公式を導出しよう。

$$\begin{aligned}
a\cos\theta + b\sin\theta &= \sqrt{a^2+b^2}\left(\frac{a}{\sqrt{a^2+b^2}}\cos\theta + \frac{b}{\sqrt{a^2+b^2}}\sin\theta\right) \\
&= \sqrt{a^2+b^2}\left(\cos\phi\cos\theta + \sin\phi\sin\theta\right) \\
&= \sqrt{a^2+b^2}\cos(\theta - \phi) \\
&= \sqrt{a^2+b^2}\cos\left(\theta - \arctan\left(\frac{b}{a}\right)\right)
\end{aligned}$$

ここで，$\tan\phi = b/a$，すなわち $\phi = \arctan(b/a)$ とおいた。なお，式 (1.68) の公式の導出は読者に任せよう。

この三角関数の合成定理は，つぎのように使う。

$$a\cos\omega_1 t + b\sin\omega_1 t = \sqrt{a^2+b^2}\cos\left(\omega_1 t - \arctan\left(\frac{b}{a}\right)\right) \qquad (1.69)$$

これより，同じ角周波数の三角関数は合成することができ，結果として得られる正弦波も同じ角周波数を持つ。ただし，振幅と位相は変化する。

この付録では，三角関数の一般的な公式を与えたが，本書では，例えば積 ⇒ 和の公式はつぎのように使う。

$$\sin\omega_1 t \sin\omega_2 t = -\frac{1}{2}\left\{\cos(\omega_1+\omega_2)t - \cos(\omega_1-\omega_2)t\right\} \qquad (1.70)$$

これより，異なる角周波数の正弦波を乗じると，それらの周波数の和と差を持つ二つの正弦波が得られることがわかる。

2 線形時不変システム

自然界に存在するシステムは一般に非線形かつ時変であるが，システムの動作範囲を限定すれば，**線形時不変システム**（linear time-invariant system，以下では **LTI システム**と略記）によってモデリングでき，詳細に解析することができる。ここで，LTI システムとは，線形で，その動特性が時間によって変化しないシステムのことをいう。本章では，線形性を特徴づける重要な原理である重ね合わせの理を与える。そして，LTI システムに単位インパルス信号を入力した場合の応答，すなわちインパルス応答の重要性について述べ，インパルス応答と入力信号のたたみ込み積分により LTI システムの出力信号が計算できることを明らかにする。

2.1 重ね合わせの理と線形システム

システムの線形性を規定する上で重要な**重ね合わせの理**（principle of superposition）を以下に与える。

【ポイント 2.1】**重ね合わせの理** 入力 $x_1(t)$ に対するシステムの出力を $y_1(t)$，入力 $x_2(t)$ に対する出力を $y_2(t)$ とする。このとき，重ね合わせの理とは，つぎの二つの条件が成り立つことをいう。

(C1) 入力 $\{x_1(t) + x_2(t)\}$ に対する出力は $\{y_1(t) + y_2(t)\}$ である。

(C2) α を定数とするとき，入力 $\alpha x_1(t)$ に対する出力は $\alpha y_1(t)$ である。

この重ね合わせの理を満たすシステムを**線形システム**（linear system）といい（図 2.1），そうでないシステムを**非線形システム**（non-linear system）という。

例えば，$y(t) = 2x(t)$ という入力を 2 倍するシステムを考え，入力 $x_1(t)$ に対する出力を $y_1(t)$，入力 $x_2(t)$ に対する出力を $y_2(t)$ とする。このとき，入力 $\{x_1(t) + x_2(t)\}$ に対する出力は

$$y(t) = 2\{x_1(t) + x_2(t)\} = y_1(t) + y_2(t) \tag{2.1}$$

となり，重ね合わせの理の条件 (C1) を満たす。条件 (C2) を満たすことも容易に確かめることができ，これは線形システムである。

一方，$y(t) = x^2(t)$ という入力を 2 乗するシステムを考える。このとき，入力 $\{x_1(t) + x_2(t)\}$ に対する出力は

$$\begin{aligned} y(t) &= \{x_1(t) + x_2(t)\}^2 = x_1^2(t) + x_2^2(t) + 2x_1(t)x_2(t) \\ &\neq y_1(t) + y_2(t) \end{aligned} \tag{2.2}$$

となり，重ね合わせの理の条件 (C1) を満足しない。したがって，これは非線形システムである。

以上より明らかなように，線形とは，入力と出力が 1 次関数（直線）で関係づけられることをいう。2 次関数や 3 次以上の高次関数あるいは sin, cos などの曲線は，すべて非線形関数である。したがって，線形という条件はきわめて限定されたものであることに注意しなければならない。また，線形システムと非線形システムは対立する概念ではなく，線形システムは非線形システムの特殊な場合としてとらえるべきである。

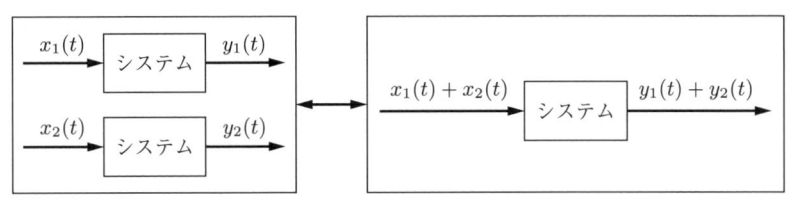

図 2.1 線形システム

例えば $\sin x$ を考えたとき,これは

$$\sin x = x - \frac{x^3}{3!} + \frac{x^5}{5!} - \cdots \tag{2.3}$$

のように $x = 0$ の近傍で**テイラー級数展開**[†]（Taylor series expansion）することができる。よって,$x \approx 0$ の原点近傍では,$\sin x \approx x$ のように線形関数で近似することができる（**図 2.2**）。この操作を線形化（あるいは,線形近似）といい,非線形システムであっても動作範囲を限定して線形近似を行えば,線形システムとして取り扱うことが可能になる。

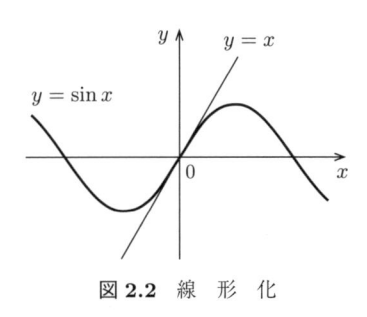

図 2.2 線 形 化

2.2 単位インパルス信号による連続時間信号の表現

連続時間信号を単位インパルス信号を用いて表す方法について,**図 2.3** を用いて説明する。

まず,図 2.3 (a) に示すように連続時間信号 $x(t)$ を階段状の信号を用いて近似し,それを $\hat{x}(t)$ とする。すると,信号 $\hat{x}(t)$ は図 2.3 (b) 〜 (e) で示すように分割できる。これらの図より,$\hat{x}(t)$ は式 (1.27) で定義した $\delta_\Delta(t)$ が時間軸推移した信号の重みつき和（あるいは線形結合）であると考えられる。すなわち

$$\hat{x}(t) = \sum_{k=-\infty}^{\infty} x(k\Delta) \delta_\Delta(t - k\Delta) \Delta \tag{2.4}$$

[†] 単にテイラー展開と呼ばれることが多い。この場合には,厳密にはマクローリン展開と呼ばれる。

2.2 単位インパルス信号による連続時間信号の表現   39

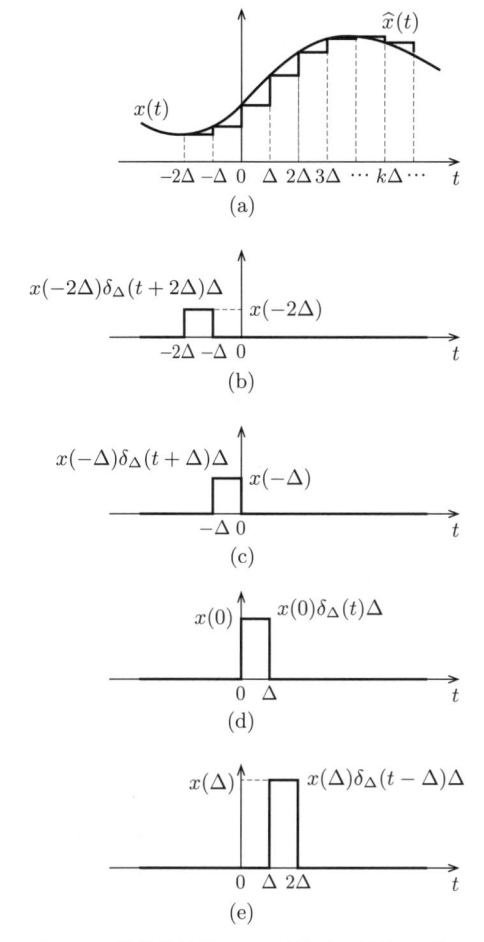

図 2.3 階段状信号による連続時間信号の近似

である。

いま，$\Delta \to 0$ の極限を考えると，$\widehat{x}(t)$ は $x(t)$ になるので

$$x(t) = \lim_{\Delta \to 0} \sum_{k=-\infty}^{\infty} x(k\Delta)\delta_\Delta(t - k\Delta)\Delta \tag{2.5}$$

が得られる。さらに，$\Delta \to 0$ の極限では総和演算 $\sum$ は積分演算 $\int$ になり[†]，

[†] 定積分の一般的な定義は，数列の和の極限で与えられることを思い出そう。

また 1 章で示したように $\delta_\Delta(t)$ は単位インパルス信号 $\delta(t)$ になるので,結局,式 (2.5) は

$$x(t) = \int_{-\infty}^{\infty} x(\tau) \delta(t-\tau) \, \mathrm{d}\tau \qquad (2.6)$$

となる。式 (2.6) の τ を a とすると,1 章のポイント 1.5 で与えた単位インパルス信号の性質 3 になる。この性質から,ある時間の連続時間信号の値を求めるには,単位インパルス信号を式 (2.6) のように作用させればよいことがわかる。よって,この性質を**ふるい特性**(sifting property)と呼ぶ[†]。

例えば,式 (2.6) において $x(t) = u_s(t)$ (単位ステップ信号)とすると

$$u_s(t) = \int_{-\infty}^{\infty} u_s(\tau) \delta(t-\tau) \, \mathrm{d}\tau = \int_{0}^{\infty} \delta(t-\tau) \, \mathrm{d}\tau \qquad (2.7)$$

となり,式 (1.29) が導かれる。

2.3 インパルス応答による LTI システムの記述

図 2.4 (a) に示すように,LTI システムに単位インパルス信号 $\delta(t)$ を入力したときの出力を**インパルス応答**(impulse response)という。厳密な単位イン

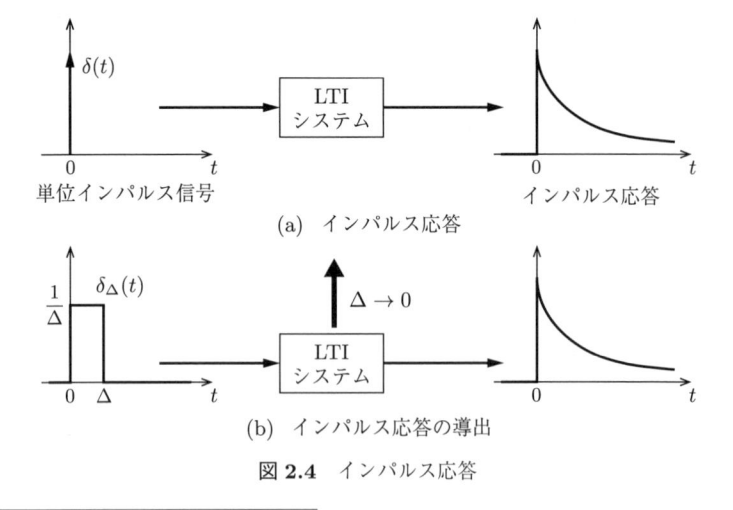

図 2.4 インパルス応答

[†] ふるいにかけるという意味。

2.3 インパルス応答による LTI システムの記述

パルス信号を生成することは不可能なので，図 2.4 (b) に示すように，式 (1.27) で定義した $\delta_\Delta(t)$ を入力したときの応答の $\Delta \to 0$ の極限をインパルス応答と考えることにする．

本節では，図 2.5 に示すように，連続時間入力信号 $x(t)$ を LTI システムに入力したときの出力 $y(t)$ を求める問題を通して，LTI システムのインパルス応答が既知であれば，任意の入力信号に対する出力信号を計算できることを明らかにする．

まず，前節で説明したように $x(t)$ を階段状の信号 $\widehat{x}(t)$ で近似する．すなわち

$$\widehat{x}(t) = \sum_{k=-\infty}^{\infty} x(k\Delta)\delta_\Delta(t-k\Delta)\Delta$$

とする．つぎに，その階段状の信号を図 2.3 で示したように矩形状の信号に分割し，それぞれを別々に LTI システムに入力したときの出力（すなわち，時間軸推移したインパルスに対する応答）を計算する．いま，入力 $\delta_\Delta(t-k\Delta)$ に対する LTI システムの出力を $\widehat{g}_\Delta(t-k\Delta)$ とする．

線形システムなので重ね合わせの理が成り立つため，それぞれの応答を足し合わせたものが，$\widehat{x}(t)$ に対する出力（$\widehat{y}(t)$ とおく）になる．すなわち

$$\widehat{y}(t) = \sum_{k=-\infty}^{\infty} x(k\Delta)\widehat{g}_\Delta(t-k\Delta)\Delta \tag{2.8}$$

となる．最後に，式 (2.8) において $\Delta \to 0$ の極限を考えれば，$x(t)$ に対する出力 $y(t)$ は

$$\begin{aligned} y(t) &= \lim_{\Delta \to 0} \sum_{k=-\infty}^{\infty} x(k\Delta)\widehat{g}_\Delta(t-k\Delta)(t)\Delta \\ &= \int_{-\infty}^{\infty} x(\tau)g(t-\tau)\mathrm{d}\tau \end{aligned} \tag{2.9}$$

より計算できる．ただし

$$g(t) = \lim_{\Delta \to 0} \widehat{g}_\Delta(t)$$

とおいた．

42　　2. 線形時不変システム

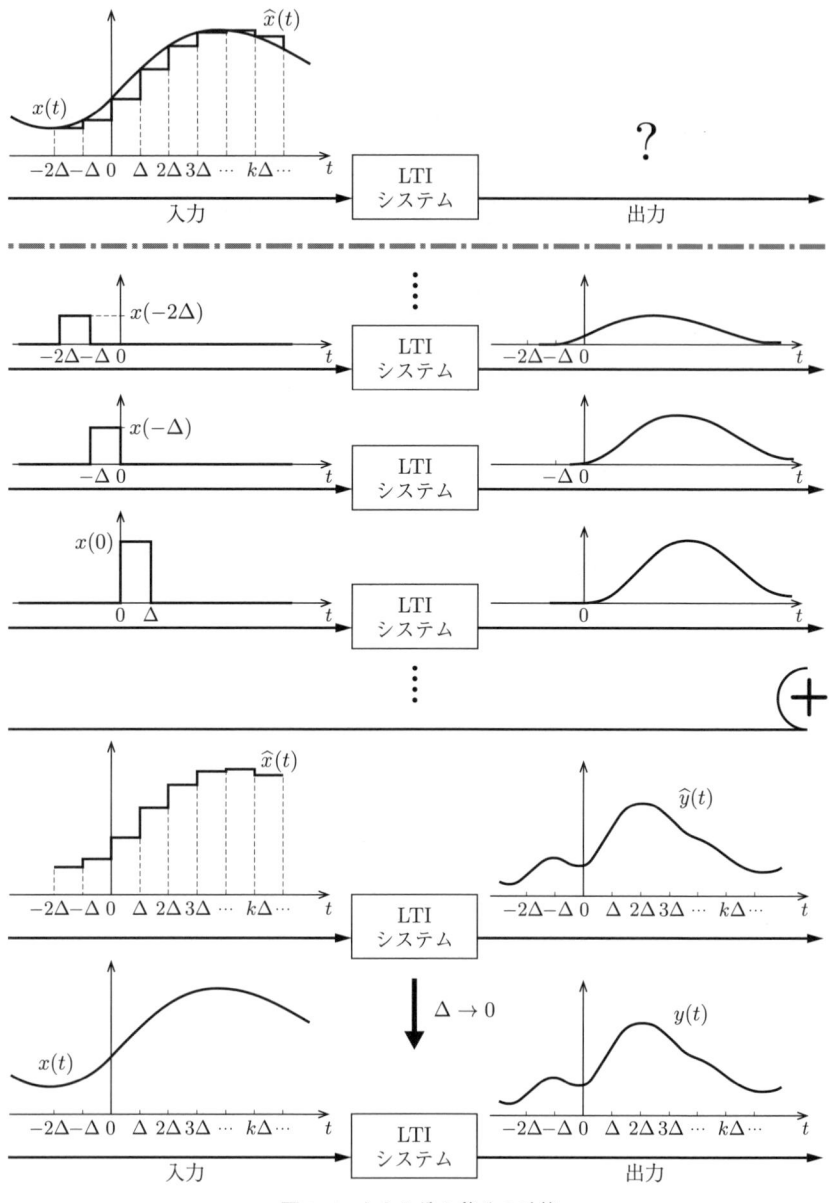

図 2.5　たたみ込み積分の計算

2.3 インパルス応答によるLTIシステムの記述

以上をまとめると,つぎのようになる。

【ポイント 2.2】たたみ込み積分 LTIシステムでは,入力信号 $x(t)$ に対する出力信号 $y(t)$ は

$$y(t) = \int_{-\infty}^{\infty} x(\tau)g(t-\tau)\,\mathrm{d}\tau \tag{2.10}$$

より計算できる。ただし,$g(t)$ は単位インパルス信号 $\delta(t)$ に対する応答,すなわちLTIシステムのインパルス応答である。このとき,式(2.10)右辺を**たたみ込み積分**(convolution integral)という。

【注意1】 本書では,たたみ込み積分を次式のように略記することもある。

$$y(t) = x(t) * g(t) \tag{2.11}$$

【注意2】 式(2.10)のようにインパルス応答によってLTIシステムの入出力関係を特徴づけることを,**時間領域**(time-domain)におけるLTIシステムの記述という。

ポイント2.2より,LTIシステムのインパルス応答がわかれば,式(2.10)より任意の入力信号 $x(t)$ に対する出力信号を計算することができる。これより,つぎのポイントが得られる。

【ポイント 2.3】インパルス応答 LTIシステムはそのインパルス応答によって完全に特徴づけられる。

さて,LTIシステムでは,初期値の影響を 0 とすると,インパルス応答 $g(t)$ とステップ応答 $f(t)$ とは,微分・積分の関係で結ばれている。すなわち

$$f(t) = \int_{-\infty}^{t} g(\tau)\,\mathrm{d}\tau \tag{2.12}$$

$$g(t) = \frac{\mathrm{d}f(t)}{\mathrm{d}t} \tag{2.13}$$

となる。これより,LTIシステムを**ステップ応答**(step response)によっても

特徴づけることができる。

例えば，**図 2.6** に示す RL 回路において，時間 $t=0$ でスイッチ SW を閉じた場合について考える。いま，入力は印加した電圧，出力は回路を流れる電流 $i(t)$ とする。電圧源を図示したように 1 V の直流電源とすると，入力を単位ステップ信号とみなすことができ，このときの回路の応答はステップ応答になる。直流電圧を印加することによって電気回路の性質を調べることは，過渡現象の解析として広く知られているが，本書の立場で考えると，システムのステップ応答によって電気回路の動特性を記述していることにほかならない。

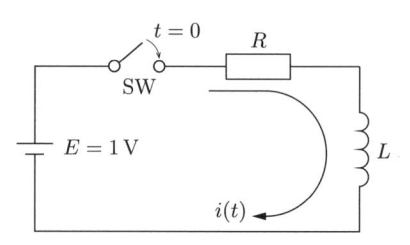

図 2.6　RL 回路のステップ応答

コーヒーブレイク

　身近なインパルス応答の例を挙げよう。夏，八百屋などの店頭でスイカを見ると，なんとなく叩いてみたくなる人が多いだろう。これを工学的に見ると，スイカにインパルス入力を与えて，その応答（この場合は「ポンポン」という音）を耳で観測することによって，そのスイカがおいしそうかどうかを特徴づけようとしているのである。ただ残念なことに，おそらくスイカは LTI システムでないので，このインパルス応答によって完全に特徴づけることはできない。ちなみに，おいしいスイカを叩くと鈍い音がするそうである。

2.4 たたみ込み積分の計算法

本節では,図と例題を用いてたたみ込み積分の計算法を説明する.

例題 2.1 インパルス応答が

$$g(t) = u_s(t)$$

である LTI システムに $x(t) = e^{-at}u_s(t)$ を入力する.このとき
(1) 時間軸を τ として $x(\tau)$ と $g(t-\tau)$ を図示せよ.
(2) システムの出力 $y(t)$ をたたみ込み積分を用いて計算せよ.
(3) $y(t)$ を図示せよ.

【解答】
(1) $x(\tau)$ を図 2.7 (a1), (a2) に示す.つぎに,$g(t-\tau)$ は t の符号により分類でき,これらを図 2.7 (b1), (b2) に示す.
(2) たたみ込み積分を計算するために,$x(\tau)g(t-\tau)$ を図 2.7 (c1), (c2) に示す.まず,$t < 0$ のときは図 2.7 (a1), (b1) から明らかなように,図 2.7 (c1),すなわち $x(\tau)g(t-\tau) = 0$ が得られる.一方,$t > 0$ のときには,図 2.7 (a2), (b2) より網かけの部分が $x(\tau)g(t-\tau)$ に対応するので,図 2.7 (c2) が得られる.これらを式で表すと

$$x(\tau)g(t-\tau) = \begin{cases} e^{-a\tau}, & 0 < \tau < t \\ 0, & その他 \end{cases}$$

となる.よって

$$y(t) = \int_{-\infty}^{\infty} e^{-a\tau}d\tau = \int_0^t e^{-a\tau}d\tau = \left[-\frac{1}{a}e^{-a\tau}\right]_0^t$$
$$= \frac{1}{a}(1 - e^{-at}), \quad t \geqq 0$$

となり,すべての t に対しては次式が成り立つ.

$$y(t) = \frac{1}{a}(1 - e^{-at})u_s(t) \tag{2.14}$$

(3) $y(t)$ の波形を図 2.7 (d) に示す.

2. 線形時不変システム

(a1) $x(\tau)$

(a2) $x(\tau)$

(b1) $g(t-\tau),\ t<0$

(b2) $g(t-\tau),\ t>0$

(c1) $x(\tau)g(t-\tau),\ t<0$

(c2) $x(\tau)g(t-\tau),\ t>0$

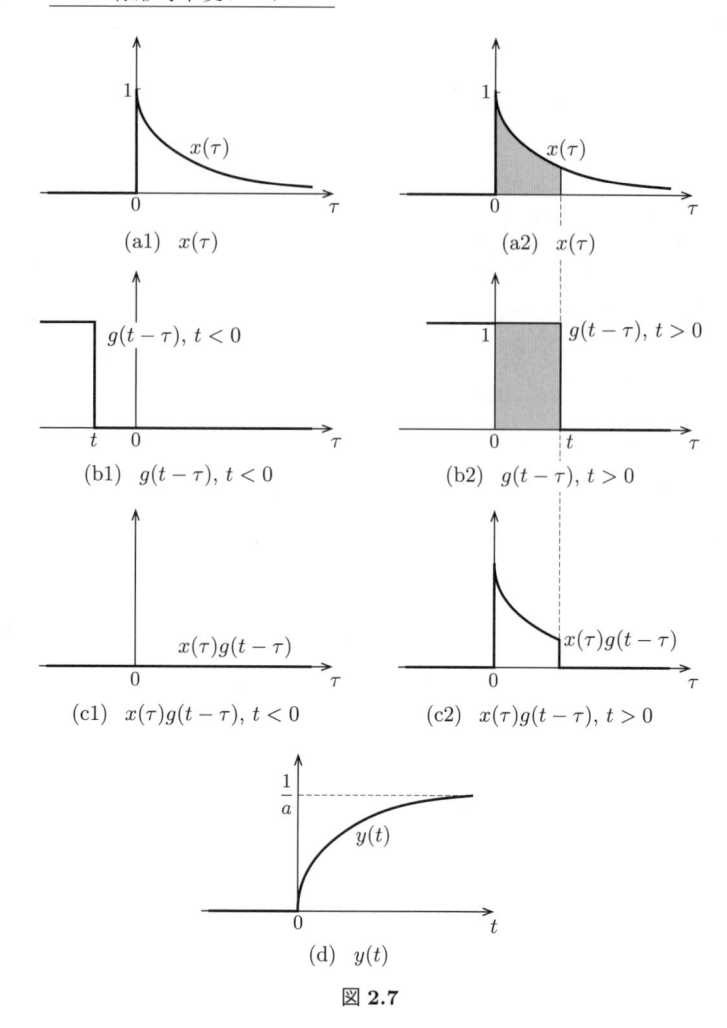

(d) $y(t)$

図 2.7

例題 2.2 $x(t)$ と $g(t)$ をそれぞれ

$$x(t) = \begin{cases} 1, & 0 < t < 1 \\ 0, & その他 \end{cases}$$

2.4 たたみ込み積分の計算法 47

$$g(t) = \begin{cases} t, & 0 < t < 2 \\ 0, & その他 \end{cases}$$

とするとき，これらのたたみ込み積分 $y(t) = x(t) * g(t)$ を計算せよ．

【解答】 図 2.8 に示すように場合分けして考える．

(i) $t < 0$

(ii) $0 \leqq t < 1$

(iii) $1 \leqq t < 2$

(iv) $2 \leqq t < 3$

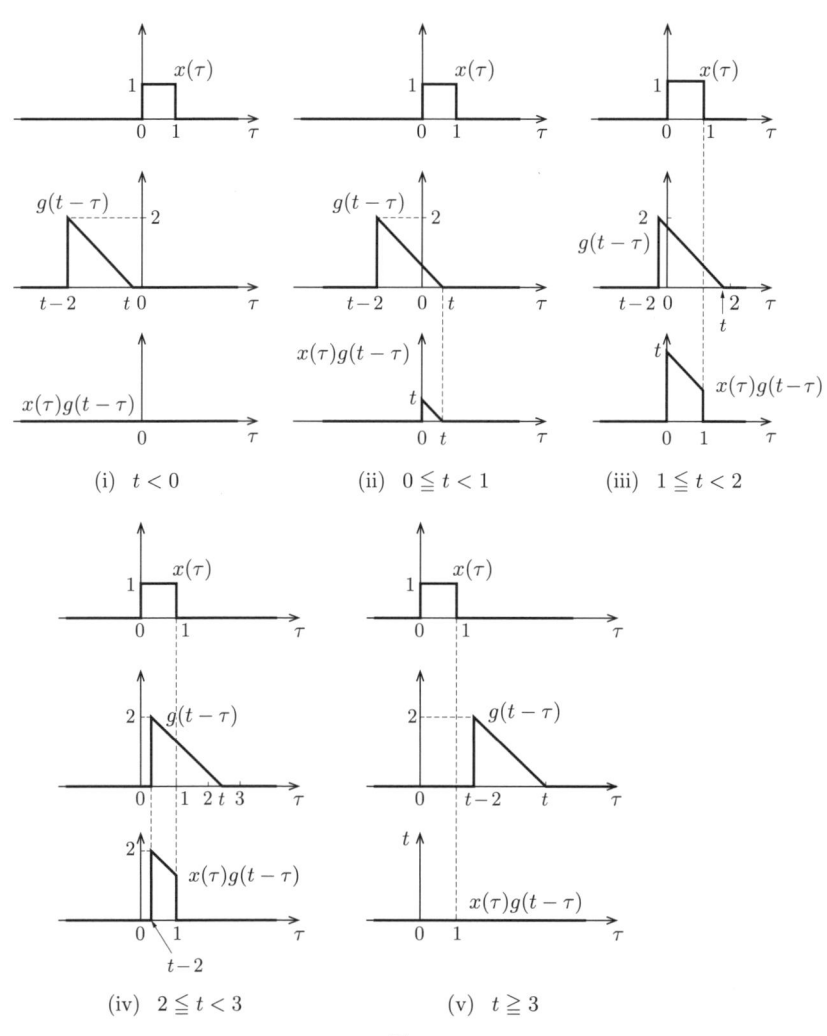

(v) $t \geqq 3$

図 2.8

(i) $t < 0$ のとき

$$y(t) = \int_{-\infty}^{\infty} x(\tau)g(t-\tau)\,\mathrm{d}\tau = 0$$

(ii) $0 \leqq t < 1$ のとき

$$y(t) = \int_{-\infty}^{\infty} x(\tau)g(t-\tau)\,\mathrm{d}\tau = \int_{0}^{t}(-\tau + t)\,\mathrm{d}\tau = 0.5t^2$$

(iii) $1 \leqq t < 2$ のとき

$$y(t) = \int_{-\infty}^{\infty} x(\tau)g(t-\tau)\,\mathrm{d}\tau = \int_{0}^{1}(-\tau + t)\,\mathrm{d}\tau = -0.5 + t$$

(iv) $2 \leqq t < 3$ のとき

$$y(t) = \int_{-\infty}^{\infty} x(\tau)g(t-\tau)\,\mathrm{d}\tau = \int_{t-2}^{1}(-\tau + t)\,\mathrm{d}\tau = -0.5t^2 + t + 1.5$$

(v) $t \geqq 3$ のとき

$$y(t) = \int_{-\infty}^{\infty} x(\tau)g(t-\tau)\,\mathrm{d}\tau = 0$$

以上により得られるたたみ込み積分の結果を図 **2.9** に示す。

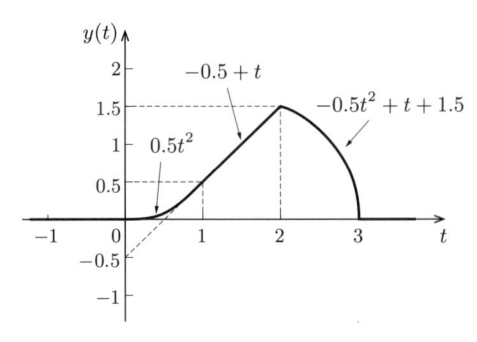

図 **2.9**

例題 2.3 $x(t)$ と $g(t)$ が

$$x(t) = e^{-at}u_s(t), \quad g(t) = e^{-bt}u_s(t), \quad a > b > 0$$

のとき，たたみ込み積分 $y(t) = x(t) * g(t)$ を計算せよ。

【解答】

$$\begin{aligned}
y(t) &= x(t) * g(t) \\
&= \int_{-\infty}^{\infty} e^{-a\tau} u_s(\tau) e^{-b(t-\tau)} u_s(t-\tau) \,\mathrm{d}\tau \\
&= \int_0^t e^{-(a-b)\tau} e^{-bt} \,\mathrm{d}\tau, \quad t \geqq 0 \\
&= e^{-bt} \frac{1}{-(a-b)} \left[e^{-(a-b)\tau} \right]_0^t, \quad t \geqq 0 \\
&= \frac{1}{a-b}(e^{-bt} - e^{-at}), \quad t \geqq 0 \\
&= \frac{1}{a-b}(e^{-bt} - e^{-at}) u_s(t)
\end{aligned}$$

例題 2.4 $x(t)$ と $g(t)$ が

$$x(t) = g(t) = e^{-at} u_s(t)$$

のとき，たたみ込み積分 $y(t) = x(t) * g(t)$ を計算せよ．

【解答】

$$\begin{aligned}
y(t) &= x(t) * g(t) \\
&= \int_{-\infty}^{\infty} e^{-a\tau} u_s(t) e^{-a(t-\tau)} u_s(t-\tau) \,\mathrm{d}\tau \\
&= \int_0^t e^{-at} \,\mathrm{d}\tau = e^{-at}[\tau]_0^t = t e^{-at}, \quad t \geqq 0 \\
&= t e^{-at} u_s(t)
\end{aligned}$$

例題 2.5 $x(t)$ と $g(t)$ が

$$x(t) = e^{-at} u_s(t), \quad g(t) = u_s(t-1)$$

のとき，たたみ込み積分 $y(t) = x(t) * g(t)$ を計算せよ．

【解答】

$$\begin{aligned}
y(t) &= x(t) * g(t) \\
&= \int_0^{\infty} e^{-a\tau} u_s(t-\tau-1) \,\mathrm{d}\tau
\end{aligned}$$

$$= \int_0^{t-1} e^{-a\tau}\,d\tau = \frac{1}{a}\left(1 - e^{-a(t-1)}\right), \quad t \geq 1$$

$$= \frac{1}{a}\left(1 - e^{-a(t-1)}\right)u_s(t-1)$$

例題 2.6 $x(t)$ と $g(t)$ が図 2.10 のように与えられるとき，たたみ込み積分 $y(t) = x(t) * g(t)$ を計算し，図示せよ。

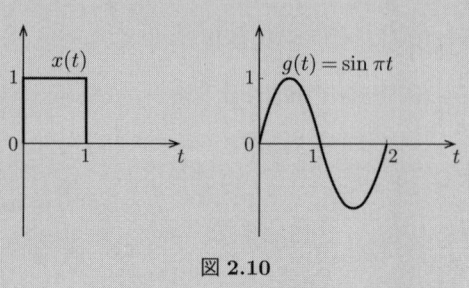

図 2.10

【解答】 たたみ込み積分を計算するためには $x(\tau)g(t-\tau)$ の計算が必要になる。いま，$x(\tau)$ は τ が 0 と 1 の間のとき値 1 をとり，その他のとき 0 である。そこで，横軸を τ にとると，$g(t-\tau)$ は図 2.11 のようになる。

図 2.11 に示すように，t の値によってつぎのように場合分けする。

(i) $t < 0$ のとき

$$y(t) = \int_{-\infty}^{\infty} x(\tau)g(t-\tau)\,d\tau = 0$$

(ii) $0 \leq t < 1$ のとき

$$y(t) = \int_{-\infty}^{\infty} x(\tau)g(t-\tau)\,d\tau = \int_0^t \sin\pi(t-\tau)\,d\tau = \frac{1}{\pi}(1 - \cos\pi t)$$

(iii) $1 \leq t < 2$ のとき

$$y(t) = \int_{-\infty}^{\infty} x(\tau)g(t-\tau)\,d\tau = \int_0^1 \sin\pi(t-\tau)\,d\tau$$

$$= \frac{1}{\pi}(\cos\pi(t-1) - \cos\pi t) = -\frac{2}{\pi}\cos\pi t$$

(iv) $2 \leq t < 3$ のとき

$$y(t) = \int_{-\infty}^{\infty} x(\tau)g(t-\tau)\,d\tau = \int_{t-2}^1 \sin\pi(t-\tau)\,d\tau$$

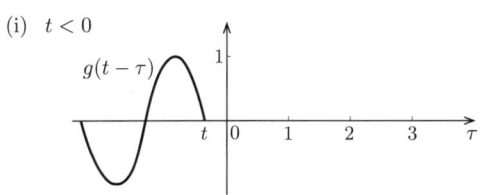

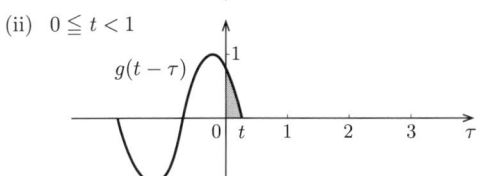

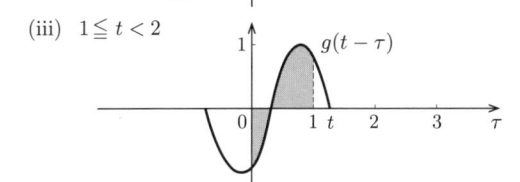

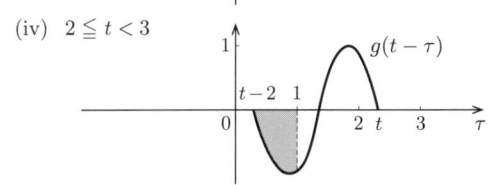

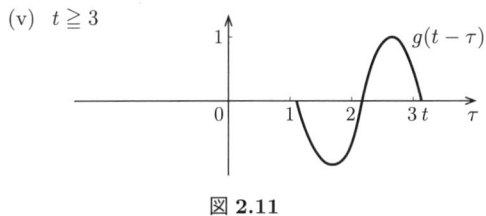

(i) $t < 0$

(ii) $0 \leqq t < 1$

(iii) $1 \leqq t < 2$

(iv) $2 \leqq t < 3$

(v) $t \geqq 3$

図 2.11

$$= \frac{1}{\pi}(\cos \pi(t-1) - \cos 2\pi) = -\frac{1}{\pi}(\cos \pi t + 1)$$

(v) $t \geqq 3$ のとき

$$y(t) = \int_{-\infty}^{\infty} x(\tau)g(t-\tau)\,\mathrm{d}\tau = 0$$

以上により得られるたたみ込み積分の結果を図 **2.12** に示す。

図 2.12

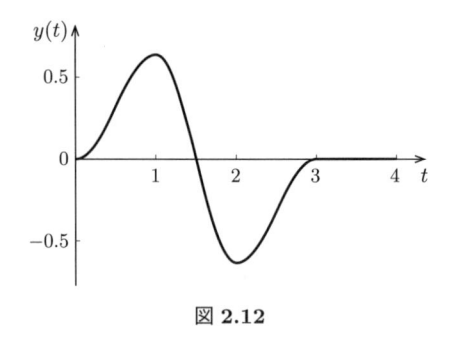

例題 2.7 $y(t) = u_s(t+1) * u_s(t-2)$ を計算し，その結果を図示せよ．

【解答】 $t < 1$ のときは $y(t) = 0$ となり，$t \geqq 1$ のときは

$$y(t) = \int_{-1}^{t-2} d\tau = t - 1$$

となるので，$y(t)$ は図 2.13 のようになる．

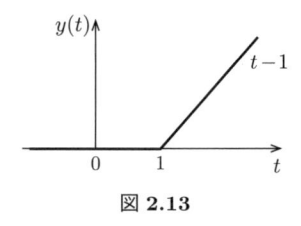

図 2.13

2.5 たたみ込み積分の性質

つぎに，たたみ込み積分の性質について調べよう．

まず，式 (2.10) において $\xi = t - \tau$ とおき，積分の変数変換をすると

$$y(t) = \int_{-\infty}^{\infty} x(t-\xi)g(\xi) \, d\xi = g(t) * x(t)$$

が得られる．これより以下の性質が得られる．

2.5 たたみ込み積分の性質

【性質 1】交換則
$$x(t) * g(t) = g(t) * x(t) \tag{2.15}$$

この性質を**図 2.14** に示す。これは LTI システムの入力とインパルス応答を交換しても，出力は同じになることを意味している。

すでにこれまでも利用してきたが，図 2.14 のような図のことを**ブロック線図** (block diagram) という。入力信号と出力信号，そしてシステムの特性（ここではインパルス応答）を指定することができるブロック線図は，制御工学においてシステムの最も一般的な図的表現である。図より明らかなように，ブロック線図は信号とシステムの関係を記述する有力な手段であり，これにより情報（信号）の流れが一目で理解できる。

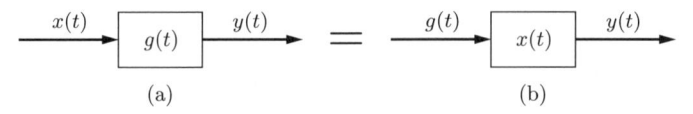

図 2.14 たたみ込み積分の性質 1（交換則）

【性質 2】結合則
$$x(t) * \{g_1(t) * g_2(t)\} = \{x(t) * g_1(t)\} * g_2(t) \tag{2.16}$$

この性質を**図 2.15** に示す。式 (2.16) の左辺は図 2.15 (a) に対応し，インパルス応答が $g_1(t) * g_2(t)$ である LTI システムに入力 $x(t)$ を加えたときの出力 $y(t)$ を表す。一方，式 (2.16) の右辺は図 2.15 (b) に対応し，インパルス応答が $g_2(t)$ である LTI システムに入力 $x(t) * g_1(t)$ を加えたときの出力 $y(t)$ を

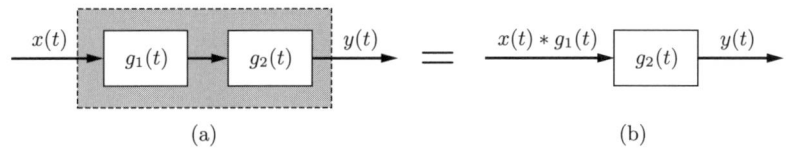

図 2.15 たたみ込み積分の性質 2（結合則）

表す。なお，図 2.15 (a) において，インパルス応答が $g_1(t)$ のシステムと $g_2(t)$ のシステムは**直列接続**（series interconnection）されているといわれる。

図 2.15 (a) に性質 1 を適用すると，図 **2.16** が得られる。この図は，二つのシステムを直列接続するとき，それらがともに線形システムであれば，接続の順番を入れ替えても全体の入出力特性は変化しないことを意味している。

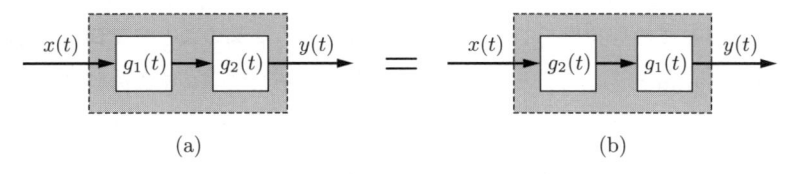

(a)　　　　　　　　　　(b)

図 **2.16**　線形システムの入れ替え

【性質 3】分配則
$$x(t) * \{g_1(t) + g_2(t)\} = x(t) * g_1(t) + x(t) * g_2(t) \tag{2.17}$$

この性質を図 **2.17** に示す。式 (2.17) の左辺は図 2.17 (a) に対応し，インパルス応答が $g_1(t) + g_2(t)$ である LTI システムに入力 $x(t)$ を加えたときの出力 $y(t)$ を表す。一方，式 (2.17) の右辺は図 2.17 (b) に対応し，インパルス応答が $g_1(t)$ の LTI システムとインパルス応答が $g_2(t)$ の LTI システムに同じ入力 $x(t)$ を加えたときのそれぞれの出力の和 $y(t)$ を表す。図 2.17 (b) において二つのシステムは**並列接続**（parallel interconnection）されているといわれる。

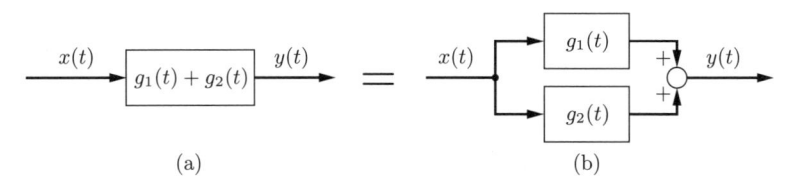

(a)　　　　　　　　　　(b)

図 **2.17**　たたみ込み積分の性質 3（分配則）

2.6　LTI システムの性質

LTI システムのさまざまな性質をインパルス応答 $g(t)$ の性質として表現することができる。そこで，本節では代表的な性質についてまとめよう。

（1）動的システムと静的システム　LTI システムの入出力関係が

$$y(t) = Kx(t), \quad \text{ただし，} K \text{は定数} \tag{2.18}$$

で記述されるとき，この LTI システムは**静的システム**（static system）であり，そのインパルス応答は

$$g(t) = K\delta(t) \tag{2.19}$$

と書くことができる。

静的システムで，さらに $K = 1$ の場合，**恒等システム**（identity system）と呼ばれる。

逆に，インパルス応答が式 (2.19) の条件を満たさずに，時間関数として与えられる場合，その LTI システムは，**動的システム**（dynamic system）である。例題 2.1, 例題 2.2 で取り扱った LTI システムは動的システムである。

（2）因　果　性　インパルス応答が

$$g(t) = 0, \quad t < 0 \tag{2.20}$$

を満たすとき，LTI システムは因果システムになる。このとき，たたみ込み積分による入出力関係の記述を与える式 (2.10) は

$$y(t) = \int_{-\infty}^{t} x(\tau)g(t-\tau)\,\mathrm{d}\tau = \int_{0}^{\infty} g(\tau)x(t-\tau)\,\mathrm{d}\tau \tag{2.21}$$

となる。

【注意】　式 (2.20) のように負の時間で値 0 をとる信号を**因果信号**（causal signal）という。

(3) 安定性 任意の有界な入力信号をシステムに加えたときに，出力も有界になるとき，システムは安定であるという[†1]。ここでは LTI システムが安定であるための条件を導出しよう。

有界な入力（bounded input）$x(t)$ とは，すべての t と有限な b に対して

$$|x(t)| < b \tag{2.22}$$

を満たす入力信号をいう。これを式 (2.10) に代入すると，次式が得られる。

$$|y(t)| = \left|\int_{-\infty}^{\infty} g(\tau)x(t-\tau)\,\mathrm{d}\tau\right| \leq \int_{-\infty}^{\infty} |g(\tau)||x(t-\tau)|\,\mathrm{d}\tau$$
$$\leq b\int_{-\infty}^{\infty} |g(\tau)|\,\mathrm{d}\tau \tag{2.23}$$

式 (2.23) より LTI システムが安定，すなわち $y(t)$ が有界になるための必要十分条件は，つぎのようになる。

【ポイント 2.4】LTI システムの安定条件

$$\int_{-\infty}^{\infty} |g(\tau)|\,\mathrm{d}\tau < \infty \tag{2.24}$$

式 (2.24) はインパルス応答の絶対値の積分が有界であることを意味しており，**絶対可積分**（absolutely integrable）の条件と呼ばれる。さらに，この条件を満たす信号は，関数空間 $\mathcal{L}^1$ に属するという。ここで $\mathcal{L}$ はルベーグ積分（Lebesgue integral）を意味する[†2]。

(4) 可逆性 インパルス応答が $h(t)$ である LTI システム（$\mathcal{H}$ とする）にインパルス応答が $g(t)$ である LTI システム（$\mathcal{G}$ とする）を直列接続した場合を考える（図 **2.18**）。このとき，システム $\mathcal{G}$ の出力 $z(t)$ がシステム $\mathcal{H}$

[†1] LTI システムの安定性については，本書の内容を基礎として用いる「制御工学」に関連する授業で詳しく学習するだろう。
[†2] 高校までに習ってきた積分はリーマン積分と呼ばれる。本書の範囲では，ルベーグ積分も通常のリーマン積分と考えればよい。

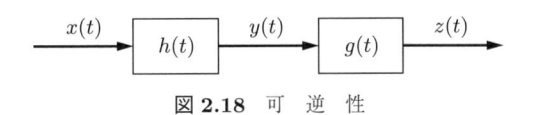

$$x(t) \rightarrow \boxed{h(t)} \xrightarrow{y(t)} \boxed{g(t)} \rightarrow z(t)$$

図 2.18 可 逆 性

の入力 $x(t)$ に等しくなるとき，システム $\mathcal{H}$ は**可逆**（invertible）であるといい，$\mathcal{G}$ は $\mathcal{H}$ の**逆システム**（inverse system）であるという。$z(t) = x(t)$ であるためには，直列接続されたシステムが恒等システムであればよい。すなわち

$$h(t) * g(t) = \delta(t) \tag{2.25}$$

が成立するとき，システム $\mathcal{H}$ は可逆である。

1入出力システムの場合には可逆性が成立するが，例えば，$h(t) = \delta(t - \tau)$，$\tau > 0$ のようなインパルス応答を持つシステムの場合，この逆システムは $g(t) = \delta(t + \tau)$ となり，因果システムにはならないことに注意する。

2.7　本章のポイント

- 重ね合わせの理と線形システムを理解すること。
- たたみ込み積分の意味を理解し，その計算法を習得すること。
- LTI システムの性質を理解すること。

3 フーリエ解析

1807 年，フランス人のフーリエ（Fourier）は，任意の関数は三角関数によって級数展開できるという「フーリエ級数」の概念を提唱した。彼の議論は数学的に不完全であったが，その後，フーリエの弟子のディレクレ（Dirichlet）らの数学者によって理論的に完全なものになっていった。理工学の分野において，いわゆるフーリエ解析の果たす役割は非常に大きいが，物理情報工学の分野もフーリエの恩恵にあずかっていることはいうまでもない。

3.1 内 積 と 直 交

3.1.1 ベクトルの内積と直交

図 **3.1** に示す xy 平面上の二つのベクトル $\vec{a}, \vec{b}$ について考える[†]。このとき，$\vec{a}$ と $\vec{b}$ の**内積**（inner product）は

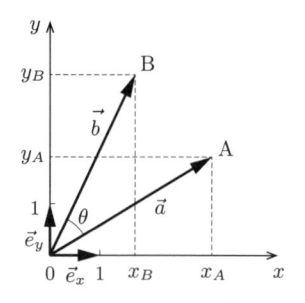

図 3.1 ベクトルの内積

[†] 制御工学などでは，ベクトルは $\boldsymbol{a}$ のように小文字の太字で表すことが多いが，ここでは高校で習った表記に従って矢印を用いた。

3.1 内積と直交

$$\vec{a} \cdot \vec{b} = |\vec{a}||\vec{b}|\cos\theta \tag{3.1}$$

で与えられる。ここで，θ は $\vec{a}$ と $\vec{b}$ のなす角度である。また，$|\cdot|$ はベクトルの大きさであり，次式のように内積を使って表現することができる。

$$|\vec{a}| = \sqrt{\vec{a} \cdot \vec{a}} \tag{3.2}$$

ベクトルの大きさは，ベクトルの**ノルム**（norm）とも呼ばれる。ノルムであることを表現するために $\|\vec{a}\|$ と表記する[†1]。

もし $\theta = 90°$（直角）であれば，$\cos\theta = 0$ になるので

$$\vec{a} \cdot \vec{b} = 0 \tag{3.3}$$

となる。このとき，$\vec{a}$ と $\vec{b}$ は**直交**（orthogonal）するといわれる。分度器を使って幾何学的に測っていた直交（直角）という概念を，内積を導入することによって代数的に計算できるようにした点が特に重要である。

さて，図 3.1 に示したように，x 軸上の単位ベクトル[†2] $\vec{e}_x$，y 軸上の単位ベクトル $\vec{e}_y$ をそれぞれ

$$\vec{e}_x = [1, 0], \quad \vec{e}_y = [0, 1] \tag{3.4}$$

のように定義すると，xy 平面上の任意の点は

$$\alpha \vec{e}_x + \beta \vec{e}_y, \quad \text{ただし，} \alpha, \beta \text{ は実数} \tag{3.5}$$

という**線形結合**（linear combination）によって表現することができる。このとき，$\vec{e}_x, \vec{e}_y$ を**基底**（basis）と呼ぶ。いま

$$\vec{e}_x \cdot \vec{e}_y = 0 \tag{3.6}$$

であり，しかも $|\vec{e}_x| = |\vec{e}_y| = 1$ と大きさがともに 1 に正規化されているので，$\vec{e}_x$ と $\vec{e}_y$ は**正規直交基底**（orthonormal basis）と呼ばれる。

以上より，つぎのポイントが得られる。

[†1] ノルムについては 6 章で詳しく説明する。
[†2] 大きさが 1 のベクトルのこと。

> **【ポイント 3.1】平面を張る**　図 3.1 の xy 平面は正規直交基底 $\vec{e}_x, \vec{e}_y$ の線形結合によって表現できる。このことを，xy 平面は $\vec{e}_x, \vec{e}_y$ によって**張られている**という。ここで，「張る」は英語の "span" の訳語である。

例えば，α, β を次式のように選べば，図 3.1 の点 A が決定できる。

$$\alpha = \vec{a} \cdot \vec{e}_x = x_A \times 1 + y_A \times 0 = x_A \tag{3.7}$$

$$\beta = \vec{a} \cdot \vec{e}_y = x_A \times 0 + y_A \times 1 = y_A \tag{3.8}$$

このように，α は $\vec{a}$ と $\vec{e}_x$，β は $\vec{a}$ と $\vec{e}_y$ の内積により計算できる点が重要である。
【注意】 $\vec{a} = k\vec{b}$（ただし，k は実数）でなければ，すなわち $\vec{a}$ と $\vec{b}$ が線形従属でなければ，図 3.1 の $\vec{a}$ と $\vec{b}$ によって xy 平面を張ることもできる。このように，基底の選び方は一意的でない。

> **【ポイント 3.2】線形結合の復習**　ベクトル $\vec{a}_1, \vec{a}_2, \cdots, \vec{a}_n$ とスカラ $c_1, c_2, \cdots, c_n$ に対して
>
> $$c_1\vec{a}_1 + c_2\vec{a}_2 + \cdots + c_n\vec{a}_n$$
>
> の形で表されるベクトルをベクトル $\vec{a}_1, \vec{a}_2, \cdots, \vec{a}_n$ の**線形結合**あるいは **1 次結合**という。このとき
>
> (1) $c_1 = c_2 = \cdots = c_n = 0$ の場合に限り
>
> $$c_1\vec{a}_1 + c_2\vec{a}_2 + \cdots + c_n\vec{a}_n = \vec{0}$$
>
> が成立するなら，$\vec{a}_1, \vec{a}_2, \cdots, \vec{a}_n$ は**線形独立** (linearly independent) あるいは **1 次独立**である。
>
> (2) 一方，0 以外を含む $c_i, i = 1, 2, \cdots, n$ に対して
>
> $$c_1\vec{a}_1 + c_2\vec{a}_2 + \cdots + c_n\vec{a}_n = \vec{0}$$
>
> が成立するとき，$\vec{a}_1, \vec{a}_2, \cdots, \vec{a}_n$ は**線形従属** (linearly dependent) あるいは **1 次従属**である。

以上では,簡単のために平面上のベクトルについて説明したが,この考え方を3次元空間あるいは n 次元空間へ拡張することが可能である。さらに,次項で述べるように信号(関数)[†]$f(t)$ に対しても内積を定義すると,それによって直交性を表現することが可能になる。

3.1.2 関数の内積と直交

まず,二つの関数の内積を定義しよう。

> **【ポイント 3.3】二つの周期関数の内積**　周期 T の実関数 $f(t)$ と $g(t)$ の内積を次式で定義する。
> $$\langle f, g \rangle = \frac{2}{T} \int_{-T/2}^{T/2} f(t)g(t)\,\mathrm{d}t \tag{3.9}$$

つぎに,関数自身の内積を計算することにより,関数の大きさが定義できる。

> **【ポイント 3.4】周期関数 $f(t)$ の大きさ**　周期 T の実関数 $f(t)$ の大きさを,内積を用いて次式で定義する。
> $$\|f\| = \sqrt{\langle f, f \rangle} = \sqrt{\frac{2}{T} \int_{-T/2}^{T/2} f^2(t)\,\mathrm{d}t} \tag{3.10}$$

なお,関数(信号)の大きさは関数(信号)のノルムとも呼ばれ,これに関しては6章で詳しく説明する。

関数の内積を定義したことにより,二つの関数が直交するという概念を導入することができる。

> **【ポイント 3.5】周期関数の直交性**　二つの関数 $f(t)$ と $g(t)$ が
> $$\langle f, g \rangle = 0 \tag{3.11}$$
> を満たすとき,たがいに直交しているという。

[†]　本章では,信号よりも一般的な呼び方である「関数」という用語を用いる。

例えば，$f(t) = \sin \omega_0 t$, $g(t) = \sin 2\omega_0 t$ に対して，式 (3.9) を計算すると

$$\langle f, g \rangle = \frac{2}{T} \int_{-T/2}^{T/2} \sin \omega_0 t \sin 2\omega_0 t \, dt$$
$$= \frac{1}{T} \left[\int_{-T/2}^{T/2} \cos \omega_0 t \, dt - \int_{-T/2}^{T/2} \cos 3\omega_0 t \, dt \right] = 0 \qquad (3.12)$$

が得られる。ただし，$T = 2\pi/\omega_0$ とおき，1章で勉強した三角関数の公式 1.6 (p.34) を用いた。

$$\int_{-T/2}^{T/2} \sin nx \sin mx \, dx$$
$$= \frac{1}{2} \int_{-T/2}^{T/2} \cos(n-m)x \, dx - \frac{1}{2} \int_{-T/2}^{T/2} \cos(n+m)x \, dx$$
$$= \begin{cases} \dfrac{T}{2}, & n = m \\ 0, & n \neq m \end{cases} \qquad (3.13)$$

式 (3.12) より，二つの関数 $f(t)$ と $g(t)$ はたがいに直交している。また

$$\|f\| = \|g\| = 1 \qquad (3.14)$$

であるので，関数 $\sin \omega_0 t$ と関数 $\sin 2\omega_0 t$ は**正規直交関数系**（orthonormal system of functions）をなすといわれる。

この考えを一般化すると，つぎの事実が得られる。

$$f_n(t) = \sin \omega_0 t, \sin 2\omega_0 t, \cdots, \sin n\omega_0 t, \cdots \qquad (3.15)$$

という関数列に対して

$$\langle f_n, f_m \rangle = \begin{cases} 1, & n = m \\ 0, & n \neq m \end{cases} \qquad (3.16)$$

が成り立つため，関数列 $f_n(t)$ は正規直交関数系である。同様のことは，関数列

$$g_n(t) = \frac{1}{\sqrt{2}}, \cos \omega_0 t, \cos 2\omega_0 t, \cdots, \cos n\omega_0 t, \cdots \qquad (3.17)$$

に対しても成り立つ。以上より，$\{\sin n\omega_0 t, n = 1, 2, 3, \cdots\}$ と $\{1/\sqrt{2}, \cos n\omega_0 t, n = 1, 2, \cdots\}$ はともに正規直交関数系をなすことがわかった。

以上の事実と前項の結果を比較すると，例えば $\sin \omega_0 t$ と $\sin 2\omega_0 t$ は，それぞれ xy 平面を規定する x 軸と y 軸の単位ベクトル $\vec{e}_x, \vec{e}_y$ と同じ役割を果たしていると考えることができる。この様子を**図 3.2** に示す。例えば，図中の関数 $h(t)$ は

$$h(t) = 2\sin \omega_0 t + \sin 2\omega_0 t \tag{3.18}$$

と表現できる。このように，$\sin \omega_0 t$ と $\sin 2\omega_0 t$ によって張られる空間を**関数空間**†と呼ぶ。すると，この関数空間内に存在する関数 $f(t)$ は，$\{\sin \omega_0 t, \sin 2\omega_0 t\}$ の線形結合

$$f(t) = \alpha_1 \sin \omega_0 t + \alpha_2 \sin 2\omega_0 t \tag{3.19}$$

によって表現できることが予想される。このとき，α_1, α_2 は，式 (3.7), (3.8) と同じように，関数の内積によって次式のように計算できる。

$$\alpha_1 = \langle f, \sin \omega_0 t \rangle, \quad \alpha_2 = \langle f, \sin 2\omega_0 t \rangle$$

これがフーリエ級数の基本となる考えである。

以上では実関数を対象としてきたが，複素関数に対しては内積の定義をつぎのように変更すればよい。

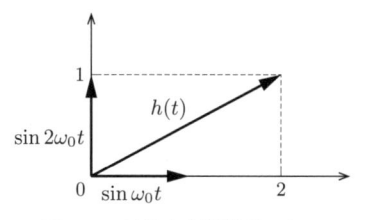

図 3.2 正規直交関数系による関数の表現

---

† あるいは，**信号空間**と呼ばれる。

64   3. フーリエ解析

$$\langle f, g \rangle = \frac{1}{T} \int_{-T/2}^{T/2} f(t) g^*(t) \, dt \tag{3.20}$$

ここで，* は複素共役を表す。これより，複素指数関数 $e^{j\omega_0 t}$ に対しても内積，直交が定義できる。例えば，複素指数関数列

$$\psi_n(t) = e^{jn\omega_0 t}, \quad n = 0, \pm 1, \pm 2, \cdots \tag{3.21}$$

は

$$\langle \psi_n, \psi_m \rangle = \begin{cases} 1, & n = m \quad (n = m = 0 \text{ を含む}) \\ 0, & n \neq m \end{cases} \tag{3.22}$$

が成り立つため，これは正規直交関数系である。

目に見える幾何学的な空間における大きさや直交性などの概念を，目に見えない関数（信号）空間へ拡張したことによって，フーリエ級数という新しい世界が開けてくる。

3.2 フーリエ級数

3.2.1 さまざまなフーリエ級数

前節の結果を拡張することにより，周期 T の周期関数 $f(t)$ は次式のように表現できる。

$$f(t) = \frac{a_0}{2} + \sum_{n=1}^{\infty} \left(a_n \cos \frac{2\pi n}{T} t + b_n \sin \frac{2\pi n}{T} t \right) \tag{3.23}$$

これを**フーリエ級数**（Fourier series）という。ここで，基本角周波数 ω_0 は

$$\omega_0 = \frac{2\pi}{T} \tag{3.24}$$

であることを利用すると，式 (3.23) はつぎのように書き直せる。

【ポイント 3.6】 フーリエ級数 (1) 　基本角周波数が ω_0 の周期関数 $f(t)$ は次式のように表現でき，これを**フーリエ級数**という．

$$f(t) = \frac{a_0}{2} + \sum_{n=1}^{\infty} (a_n \cos n\omega_0 t + b_n \sin n\omega_0 t) \tag{3.25}$$

ただし，係数 a_n と b_n は**フーリエ係数**（Fourier coefficient）と呼ばれ，それぞれ次式のように内積を用いて計算することができる．

$$a_n = \langle f, \cos n\omega_0 t \rangle = \frac{2}{T} \int_{-T/2}^{T/2} f(t) \cos n\omega_0 t \, dt \tag{3.26}$$

$$b_n = \langle f, \sin n\omega_0 t \rangle = \frac{2}{T} \int_{-T/2}^{T/2} f(t) \sin n\omega_0 t \, dt \tag{3.27}$$

ただし，T は周期であり，基本角周波数との間で次式の関係を満たす．

$$T = \frac{2\pi}{\omega_0} \tag{3.28}$$

式 (3.25) は

$$f(t) = f_e(t) + f_o(t) \tag{3.29}$$

と書くことができる．ただし

$$f_e(t) = \frac{a_0}{2} + \sum_{n=1}^{\infty} a_n \cos n\omega_0 t$$

$$f_o(t) = \sum_{n=1}^{\infty} b_n \sin n\omega_0 t$$

とおいた．このように，フーリエ級数展開は，関数を偶奇分解しているとみなすこともできる．

さて，1 章で勉強した三角関数の公式 1.8（p.35）

$$a \cos\theta + b \sin\theta = \sqrt{a^2 + b^2} \cos\left\{\theta - \arctan\left(\frac{b}{a}\right)\right\} \tag{3.30}$$

を用いると，式 (3.25) はつぎのように書き直すこともできる．

> **【ポイント 3.7】フーリエ級数 (2)**　基本角周波数が ω_0 の周期関数 $f(t)$ は，次式のように表現することができる。
>
> $$f(t) = \sum_{n=0}^{\infty} K_n \cos(n\omega_0 t - \theta_n) \qquad (3.31)$$
>
> ただし，係数 K_n と θ_n は次式から計算される。
>
> $$K_n = \begin{cases} \dfrac{a_0}{2}, & n = 0 \\ \sqrt{a_n^2 + b_n^2}, & n = 1, 2, \cdots \end{cases} \qquad (3.32)$$
>
> $$\theta_n = \begin{cases} 0, & n = 0 \\ \arctan\left(\dfrac{b_n}{a_n}\right), & n = 1, 2, \cdots \end{cases} \qquad (3.33)$$
>
> ここで，$a_0/2$ は**直流成分**（DC component），$\cos(\omega_0 t - \theta_1)$ は**基本波成分**（fundamental component），そして $\cos(n\omega_0 t - \theta_n)$ は**第 n 次高調波成分**（nth harmonic component）と呼ばれる。

式 (3.31) とこれまでの議論から明らかなように，関数 $f(t)$ が周期 T の周期関数であるとき，この周期を持つ正弦波を基本波とすれば，$f(t)$ はこの基本波の整数倍の高調波の線形結合で表現できる点が，フーリエ級数表現の基本的な考え方である。このように，ある関数（信号）を基本波とその高調波に分解することを**調和解析**（harmonic analysis）という。

特殊な場合に対するフーリエ級数を，つぎにまとめておこう。

3.2 フーリエ級数

【ポイント 3.8】$T = 2\pi$ の場合のフーリエ級数　周期 $T = 2\pi$（すなわち，基本角周波数 ω_0 が $1\,\mathrm{rad/s}$）の周期関数 $f(t)$ は

$$f(t) = \frac{a_0}{2} + \sum_{n=1}^{\infty}(a_n \cos nt + b_n \sin nt) \tag{3.34}$$

のように表現できる。ただし

$$a_n = \frac{1}{\pi}\int_{-\pi}^{\pi} f(t)\cos nt\,\mathrm{d}t, \quad b_n = \frac{1}{\pi}\int_{-\pi}^{\pi} f(t)\sin nt\,\mathrm{d}t \tag{3.35}$$

である。

コーヒーブレイク

フーリエ（1768～1830）

彼は裁縫職人の子としてフランスで生まれるが，学才が認められて 22 歳のときエコール・ポリテクニーク（Ecole polytechnique）の教授になる。エコール・ポリテクニークはナポレオンが設立した大学で，ラグランジュ（Lagrange）が初代校長であった。現在では，通称 "X" と呼ばれている。

1798 年にはナポレオンのエジプト遠征に従軍。ナポレオン没落後失脚したが，その後，熱伝導の研究によってフランス科学院会員になる。

彼はフーリエ級数に関する論文を 1807 年に投稿した。その論文の審査をラプラス（Laplace）やラグランジュらが行ったが，ラグランジュの強固な反対のために掲載を拒否されてしまう。「任意の周期関数が三角級数で表現できる」という主張が新奇であったためと，数学的に不完全であったためである。フーリエは論文の掲載に至るまでにさまざまな手直しを余儀なくされ，その後「熱の理論解析」という本の出版にたどり着いたのは，論文投稿から 15 年を経た 1822 年であった。数学的に厳密な議論は，1829 年のフーリエの弟子による仕事（前述したディリクレの条件）を待たなければならなかった。

【ポイント 3.9】フーリエ余弦級数・フーリエ正弦級数

(a) **フーリエ余弦級数**

基本角周波数が ω_0 の周期関数 $f(t)$ が偶関数の場合

$$f(t) = \frac{a_0}{2} + \sum_{n=1}^{\infty} a_n \cos n\omega_0 t \tag{3.36}$$

のように表現できる。ただし

$$a_n = \frac{4}{T} \int_0^{T/2} f(t) \cos n\omega_0 t \, dt \tag{3.37}$$

である。

(b) **フーリエ正弦級数**

基本角周波数が ω_0 の周期関数 $f(t)$ が奇関数の場合

$$f(t) = \sum_{n=1}^{\infty} b_n \sin n\omega_0 t \tag{3.38}$$

のように表現できる。ただし

$$b_n = \frac{4}{T} \int_0^{T/2} f(t) \sin n\omega_0 t \, dt \tag{3.39}$$

である。

さて,少し専門的になるが,フーリエ級数が関数 $f(t)$ に収束するかどうかを与えるものが,ディレクレの条件である。これをつぎにまとめよう。

【ポイント 3.10】ディレクレの条件 (Dirichlet conditions)

(1) 関数 $f(t)$ が 1 周期で区分的連続 (piecewise continuous) である。

(2) 有限個の不連続点を持つ。

(3) 有限個の極大・極小値を持つ。

(4) 関数 $f(t)$ が 1 周期にわたり絶対可積分である,すなわち

$$\int_{-T/2}^{T/2} |f(t)| \, dt < \infty$$

が成り立つ。

3.2 フーリエ級数

さて，ある関数が与えられたとき，級数展開表現として有名なものの一つに**テイラー級数**があり，次式で与えられる．

$$f(t) = f(a) + \frac{f'(a)}{1!}(t-a) + \frac{f''(a)}{2!}(t-a)^2 + \cdots \quad (3.40)$$

式 (3.40) と式 (3.63) のフーリエ級数を比較すると，テイラー級数の係数は微分によって表現されているのに対して，フーリエ級数では積分によって表現されていることがわかる．したがって，$f(t)$ の微分可能性あるいは連続性を必要としないフーリエ級数のほうが，テイラー級数よりも広いクラスの関数に対して適用できると考えることもできる．

3.2.2　フーリエ級数の例題

フーリエ級数の計算法を，例題を通して学習しよう．

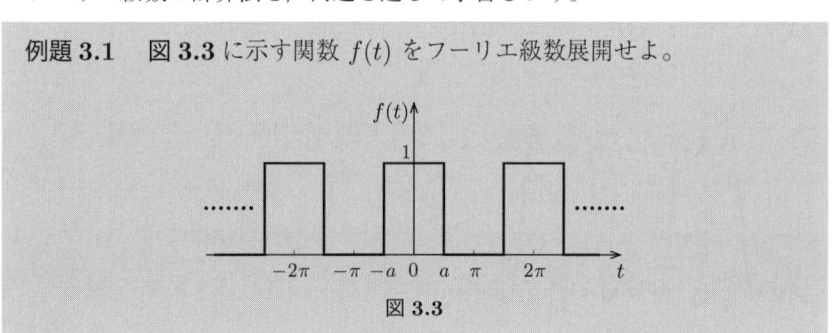

例題 3.1　図 3.3 に示す関数 $f(t)$ をフーリエ級数展開せよ．

図 3.3

【解答】　この関数は周期 2π の偶関数であるので，ポイント 3.8 とポイント 3.9 (a) より，次式のようにフーリエ余弦級数展開できる．

$$f(t) = \frac{a_0}{2} + \sum_{n=1}^{\infty} a_n \cos nt \quad (3.41)$$

ここで，フーリエ級数 a_n は次式で与えられる．

$$a_n = \frac{2}{\pi} \int_0^{\pi} f(t) \cos nt \, dt \quad (3.42)$$

まず，a_0 を計算すると

$$a_0 = \frac{2}{\pi} \int_0^{\pi} f(t) \, dt = \frac{2}{\pi} \int_0^{a} dt = \frac{2}{\pi} [t]_0^a = \frac{2a}{\pi} \quad (3.43)$$

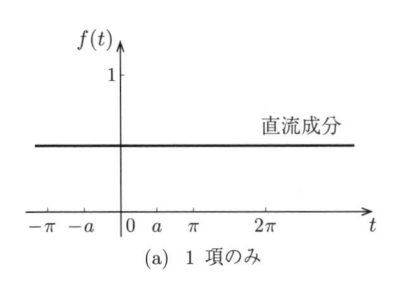

70   3. フーリエ解析

$f(t) \approx \dfrac{2}{\pi} \cdot \dfrac{a}{2}$

(a) 1項のみ

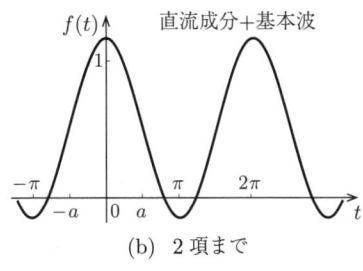

$f(t) \approx \dfrac{2}{\pi}\left(\dfrac{a}{2} + \sin a \cos t\right)$

(b) 2項まで

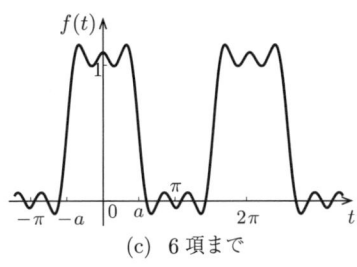

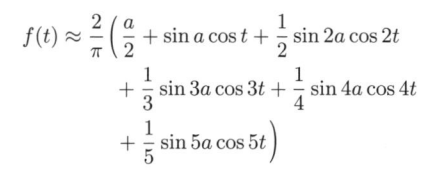

$f(t) \approx \dfrac{2}{\pi}\Big(\dfrac{a}{2} + \sin a \cos t + \dfrac{1}{2}\sin 2a \cos 2t$
$\qquad + \dfrac{1}{3}\sin 3a \cos 3t + \dfrac{1}{4}\sin 4a \cos 4t$
$\qquad + \dfrac{1}{5}\sin 5a \cos 5t\Big)$

(c) 6項まで

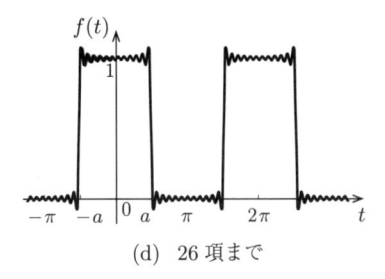

$f(t) \approx \dfrac{2}{\pi}\Big(\dfrac{a}{2} + \sin a \cos t + \dfrac{1}{2}\sin 2a \cos 2t$
$\qquad + \dfrac{1}{3}\sin 3a \cos 3t + \cdots$
$\qquad + \dfrac{1}{25}\sin 25a \cos 25t\Big)$

(d) 26項まで

図 **3.4**

となる．つぎに，$n \geq 1$ に対する a_n は次式のようになる．

$$a_n = \frac{2}{\pi}\int_0^\pi f(t)\cos nt \, dt = \frac{2}{\pi}\int_0^a \cos nt \, dt = \frac{2}{\pi}\left[\frac{1}{n}\sin nt\right]_0^a$$
$$= \frac{2}{n\pi}\sin na \tag{3.44}$$

式 (3.43), (3.44) を式 (3.42) に代入すると

$$f(t) = \frac{2}{\pi}\left[\frac{a}{2} + \sin a \cos t + \frac{1}{2}\sin 2a \cos 2t + \cdots\right]$$
$$= \frac{2}{\pi}\left[\frac{a}{2} + \sum_{n=1}^{\infty}\frac{\sin na}{n}\cos nt\right] \tag{3.45}$$

が得られる．

例として，$a = \pi/2$ とした場合のフーリエ級数において，級数の項数を 1, 3, 7, 26 と増やしていった場合の波形を**図 3.4** に示す．図より，項数を増やしていくことにより，もとの波形を正弦波だけで近似できていることがわかる．ただし，関数の値が変化する不連続点においては，フーリエ級数の波形が乱れている．これを**ギブス現象**（Gibbs phenomenon）[†]という． ◇

図 3.4 よりつぎのことが考えられる．すなわち，フーリエ級数は無限級数だが，ある関数 $f(t)$ を

$$f(t) = S_k(t) + \varepsilon_k(t) \tag{3.46}$$

のように有限級数 $S_k(t)$，すなわち

$$S_k(t) = \frac{a_0}{2} + \sum_{n=1}^{k}(a_n \cos n\omega_0 t + b_n \sin n\omega_0 t)$$

で近似することができる．ただし，$\varepsilon_k(t)$ は打切り誤差（truncation error）と呼ばれる．

この近似の精度は，**平均 2 乗誤差**（mean square error; MSE）

$$E_k = \frac{1}{T}\int_{-T/2}^{T/2}[\varepsilon_k(t)]^2 dt = \frac{1}{T}\int_{-T/2}^{T/2}[f(t) - S_k(t)]^2 dt$$

を用いて評価される．

[†] リンギング（ringing）とも呼ばれる．

72　3. フーリエ解析

このように，無限級数を有限次元で近似する方法は，テイラー級数を用いた近似と同じ考え方である。

例題 3.2　図 3.5 に示す関数 $g(t)$ をフーリエ級数展開せよ。

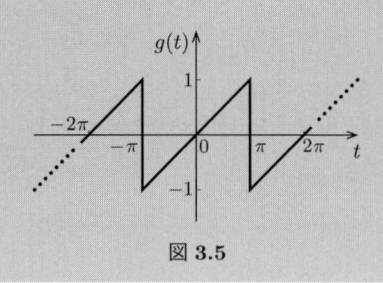

図 3.5

【解答】　この関数は周期 2π の奇関数であるので，フーリエ正弦級数展開できる。

$$g(t) = \sum_{n=1}^{\infty} b_n \sin nt \tag{3.47}$$

$-\pi \leqq t \leqq \pi$ の範囲では，この関数は

$$g(t) = \frac{t}{\pi} \tag{3.48}$$

と書けるので，フーリエ係数は次式で与えられる。

$$b_n = \frac{2}{\pi} \int_0^{\pi} \frac{t}{\pi} \sin nt \, dt = \frac{2}{\pi^2} \int_0^{\pi} t \sin nt \, dt \tag{3.49}$$

この積分を計算するために，部分積分の公式を思い出そう。

【ポイント 3.11】部分積分　二つの関数 $f(t)$ と $g(t)$ が区間 $[a, b]$ で定義され，それらの導関数（それぞれ $f'(t), g'(t)$ とする）が存在して連続であれば，次式が成り立つ。

$$\int_a^b f(t)g'(t)dt = [f(t)g(t)]_a^b - \int_a^b f'(t)g(t)\,dt \tag{3.50}$$

式 (3.49) に部分積分の公式を適用すると，次式を得る。

$$\begin{aligned}
b_n &= \frac{2}{\pi^2}\left[-\frac{t}{n}\cos nt\right]_0^{\pi} - \frac{2}{\pi^2}\int_0^{\pi}\left(-\frac{1}{n}\right)\cos nt\,dt \\
&= -\frac{2}{n\pi}\cos n\pi + \frac{2}{n\pi^2}\left[\frac{1}{n}\sin nt\right]_0^{\pi}
\end{aligned}$$

$$= -\frac{2}{n\pi}\cos n\pi + \frac{2}{(n\pi)^2}\sin n\pi = -\frac{2}{n\pi}\cos n\pi$$
$$= -\frac{2}{n\pi}(-1)^n = \frac{2}{n\pi}(-1)^{n+1} \tag{3.51}$$

式 (3.47) に式 (3.51) を代入すると，つぎのフーリエ級数が得られる。

$$g(t) = \frac{2}{\pi}\left(\sin t - \frac{1}{2}\sin 2t + \frac{1}{3}\sin 3t + \cdots\right)$$
$$= \frac{2}{\pi}\sum_{n=1}^{\infty}\frac{1}{n}(-1)^{n+1}\sin nt \tag{3.52}$$

例題 3.3 図 3.6 に示す関数 $g(t)$ をフーリエ級数展開せよ。

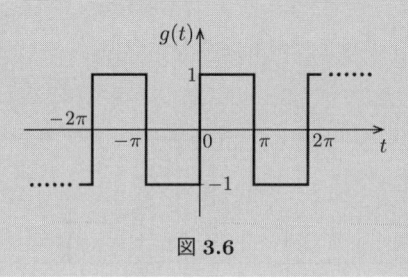

図 3.6

【解答】 この関数は周期 2π の奇関数なので，フーリエ正弦級数展開できる。

$$g(t) = \sum_{n=1}^{\infty} b_n \sin nt \tag{3.53}$$

このフーリエ係数は次式で与えられる。

$$b_n = \frac{2}{\pi}\int_0^{\pi}\sin nt\,\mathrm{d}t = \frac{2}{\pi}\left[-\frac{1}{n}\cos nt\right]_0^{\pi}$$
$$= -\frac{2}{n\pi}(\cos n\pi - 1) = -\frac{2}{n\pi}[(-1)^n - 1] \tag{3.54}$$

式 (3.54) の大かっこ内について，いくつかの n の値に対する $(-1)^n - 1$ の値を**表 3.1** にまとめる。

この表から明らかなように，n が奇数の場合には -2 であり，偶数の場合には 0 になる。よって，式 (3.54) はつぎのようになる。

$$b_n = \begin{cases} \dfrac{4}{n\pi}, & n \text{ が奇数のとき} \\ 0, & n \text{ が偶数のとき} \end{cases} \tag{3.55}$$

表 3.1

n	$(-1)^n - 1$
1	-2
2	0
3	-2
4	0
...	...

式 (3.55) を式 (3.53) に代入すると，つぎのフーリエ級数が得られる．

$$g(t) = \frac{4}{\pi}\left(\sin t + \frac{1}{3}\sin 3t + \frac{1}{5}\sin 5t + \cdots\right) \tag{3.56}$$

例題 3.4 図 3.7 に示す周期 2π の周期関数 $f(t)$ をフーリエ級数展開し，最初の非零の 5 項目までの展開式を求めよ．

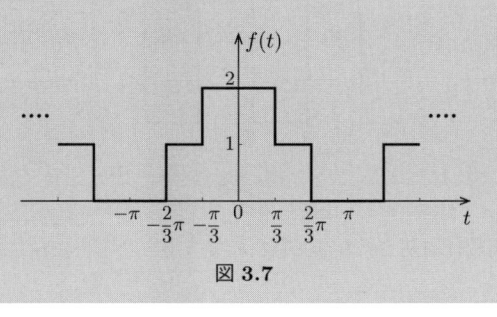

図 3.7

【解答】 関数 $f(t)$ は偶関数なので，フーリエ余弦級数展開できる．

$$f(t) = \frac{a_0}{2} + \sum_{n=1}^{\infty} a_n \cos n\omega_0 t$$

ただし

$$a_n = \frac{4}{T}\int_0^{T/2} f(t)\cos n\omega_0 t\, dt$$

である．いま，周期 $T = 2\pi$ なので，$\omega_0 = 1$ であることに注意して計算すると

$$a_0 = \frac{2}{\pi}\left(\int_0^{\pi/3} 2\, dt + \int_{\pi/3}^{2\pi/3} dt\right) = 2$$

が得られる．これより，この関数の直流成分は，$a_0/2 = 1$ になる．

ここで，直流成分とは，1 周期の面積の平均値であると考えられる．この関数の 1 周期の面積は図より容易に計算でき，2π である．また，周期は 2π なので，

$2\pi/2\pi = 1$ となり，これが直流成分の値である．この直流成分の定義より明らかなように，奇関数の場合には 1 周期の面積は 0 になるので，直流成分 $a_0/2$ は存在しない．

つぎに，$n \geqq 1$ について

$$a_n = \frac{2}{\pi}\left(\int_0^{\pi/3} 2\cos nt\,dt + \int_{\pi/3}^{2\pi/3} \cos nt\,dt\right)$$

$$= \frac{2}{\pi}\left(\left[\frac{2}{n}\sin nt\right]_0^{\pi/3} + \left[\frac{1}{n}\sin nt\right]_{\pi/3}^{2\pi/3}\right)$$

$$= \frac{2}{n\pi}\left(\sin\frac{n\pi}{3} + \sin\frac{2n\pi}{3}\right) = \frac{4}{n\pi}\sin\frac{n\pi}{2}\cos\frac{n\pi}{6}$$

となる．ここで，三角関数の公式

$$\sin A + \sin B = 2\sin\frac{A+B}{2}\cos\frac{A-B}{2}$$

を用いた．

いま，$\sin(n\pi/2)$ は n が偶数のとき 0 になり，$\cos(n\pi/6)$ は n が 3 の倍数のとき 0 になる．したがって，次式が得られる．

$$f(t) = 1 + \frac{2\sqrt{3}}{\pi}\left(\cos t - \frac{1}{5}\cos 5t + \frac{1}{7}\cos 7t - \frac{1}{11}\cos 11t + \cdots\right)$$

例題 3.5 図 3.8 に示す関数 $f(t)$ をフーリエ級数展開せよ．

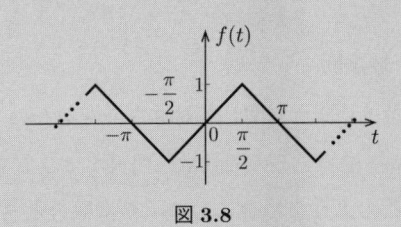

図 3.8

【解答】 この関数は周期 2π の奇関数であるので，フーリエ正弦級数展開できる．

$$f(t) = \sum_{n=1}^{\infty} b_n \sin nt \tag{3.57}$$

このフーリエ係数は次式で与えられる．

$$b_n = \frac{2}{\pi}\int_0^{\pi} f(t)\sin nt\,dt$$

$$= \frac{2}{\pi}\int_0^{\pi/2} \frac{2t}{\pi}\sin nt\,\mathrm{d}t + \frac{2}{\pi}\int_{\pi/2}^{\pi}\left(-\frac{2t}{\pi}+2\right)\sin nt\,\mathrm{d}t$$

$$= \frac{4}{\pi^2}\int_0^{\pi/2} t\sin nt\,\mathrm{d}t - \frac{4}{\pi^2}\int_{\pi/2}^{\pi} t\sin nt\,\mathrm{d}t + \frac{4}{\pi}\int_{\pi/2}^{\pi}\sin nt\,\mathrm{d}t \tag{3.58}$$

式 (3.58) の右辺第 1 項と第 2 項に部分積分を適用すると，次式が得られる．

$$\frac{4}{\pi^2}\int_0^{\pi/2} t\sin nt\,\mathrm{d}t = \frac{4}{\pi^2}\left[-\frac{\pi}{2n}\cos\frac{n\pi}{2}+\frac{1}{n^2}\sin\frac{n\pi}{2}\right]$$

$$-\frac{4}{\pi^2}\int_{\pi/2}^{\pi} t\sin nt\,\mathrm{d}t = -\frac{4}{\pi^2}\left[-\frac{\pi}{n}\cos n\pi + \frac{\pi}{2n}\cos\frac{n\pi}{2} - \frac{1}{n^2}\sin\frac{n\pi}{2}\right]$$

また，式 (3.58) の右辺第 3 項はつぎのようになる．

$$\frac{4}{\pi}\int_{\pi/2}^{\pi}\sin nt\,\mathrm{d}t = -\frac{4}{n\pi}\left(\cos n\pi - \cos\frac{n\pi}{2}\right)$$

これらの式を式 (3.58) に代入すると，フーリエ係数は次式のようになる．

$$\begin{aligned}b_n &= \frac{8}{(n\pi)^2}\sin\frac{n\pi}{2} \\ &= \begin{cases}\dfrac{8}{(n\pi)^2}(-1)^{\frac{n-1}{2}}, & n \text{ が奇数のとき} \\ 0, & n \text{ が偶数のとき}\end{cases}\end{aligned} \tag{3.59}$$

したがって，フーリエ級数はつぎのようになる．

$$f(t) = \frac{8}{\pi^2}\left(\sin t - \frac{1}{9}\sin 3t + \frac{1}{25}\sin 5t - \frac{1}{49}\sin 7t + \cdots\right) \tag{3.60}$$

【発展】周期関数の半域展開

　この例題の関数は，原点に関して対称な奇関数なので，b_n のフーリエ係数しか存在しない．また，この関数は区間 $0 \leqq t \leqq \pi$ において $\pi/2$ に関して対称である．このような場合には，n が奇数のときに対してのみ b_n は存在し，それはつぎのように与えられる．

$$b_n = \begin{cases}\dfrac{4}{\pi}\displaystyle\int_0^{\pi/2} f(t)\sin nt\,\mathrm{d}t, & n \text{ が奇数のとき} \\ 0, & n \text{ が偶数のとき}\end{cases} \tag{3.61}$$

このとき，フーリエ級数は次式のようになる．

$$f(t) = b_1\sin t + b_3\sin 3t + b_5\sin 5t + \cdots \tag{3.62}$$

この例題に対して実際に式 (3.61) の公式を適用してみよう。奇数の n に対して，フーリエ級数は次式のようになる。

$$b_n = \frac{4}{\pi}\int_0^{\pi/2}\frac{2t}{\pi}\sin nt\,dt = \frac{8}{\pi^2}\int_0^{\pi/2}\frac{2t}{\pi}\sin nt\,dt$$
$$= -\frac{4}{n\pi}\cos\frac{n\pi}{2} + \frac{8}{(n\pi)^2}\sin\frac{n\pi}{2}$$

いま，奇数の n に対して上式右辺第1項は 0 なので

$$b_n = \frac{8}{(n\pi)^2}\sin\frac{n\pi}{2} = \frac{8}{(n\pi)^2}(-1)^{\frac{n-1}{2}}, \quad n \text{ は奇数}$$

となり，式 (3.59) と同じ結果が得られた。

3.2.3 複素フーリエ級数

複素数 $e^{j\omega t}$ を用いると，式 (3.25) で与えたフーリエ級数は，つぎのように書き直すことができる。

【ポイント 3.12】複素フーリエ級数　基本角周波数が ω_0 の周期関数 $f(t)$ は

$$f(t) = \sum_{n=-\infty}^{\infty} c_n e^{jn\omega_0 t} \tag{3.63}$$

のように表現できる。これを $f(t)$ の**複素フーリエ級数**あるいは単に**フーリエ級数**という。ただし

$$c_n = \frac{1}{T}\int_{-T/2}^{T/2} f(t)e^{-jn\omega_0 t}\,dt, \quad n = \cdots,-2,-1,0,1,2,\cdots \tag{3.64}$$

は**複素フーリエ係数** (complex Fourier coefficient)，あるいは単に**フーリエ係数**と呼ばれる。

フーリエ係数 c_n は**スペクトル** (spectrum) とも呼ばれ，関数 $f(t)$ の周波数領域 (frequency domain) における表現を与える。スペクトル c_n は一般に複素数であるので，$|c_n|$ を**振幅スペクトル** (amplitude spectrum)，$\angle c_n$ を**位相スペクトル** (phase spectrum)，そして $|c_n|^2$ を**パワースペクトル** (power spectrum) という。

【注意】 式 (3.64) で与えた複素フーリエ係数 c_n と式 (3.26), (3.27) で与えた a_n, b_n の間には，つぎの関係が成り立つ．

$$c_n = \frac{1}{2}(a_n - jb_n), \quad c_{-n} = \frac{1}{2}(a_n + jb_n), \quad n = 0, 1, 2, \cdots \quad (3.65)$$

あるいは，つぎのように表現することもできる．

$$a_n = c_n + c_{-n}, \quad b_n = j(c_n - c_{-n}), \quad n = 0, 1, 2, \cdots \quad (3.66)$$

これより，つぎの関係が得られる．

(1) 直流成分
$$c_0 = \frac{1}{2}a_0$$

(2) 振幅スペクトル
$$|c_n| = \frac{1}{2}\sqrt{a_n^2 + b_n^2}$$

(3) 位相スペクトル
$$\angle c_n = \arctan\left(-\frac{b_n}{a_n}\right)$$

例題 3.6 基本周期が 2π の周期関数が

$$f(t) = \sum_{n=-2}^{2} c_n e^{jn2\pi t} \quad (3.67)$$

のように複素フーリエ級数展開できるものとする．ただし，$c_0 = 1$, $c_1 = c_{-1} = 0.25$, $c_2 = c_{-2} = 0.5$ とする．このとき，式 (3.67) を式 (3.31) の形式に変形することによって，$f(t)$ のグラフを描け．

【解答】 式 (3.67) は次式のように変形することができる．

$$f(t) = 1 + 0.25(e^{j2\pi t} + e^{-j2\pi t}) + 0.5(e^{j4\pi t} + e^{-j4\pi t})$$
$$= 1 + 0.5\cos 2\pi t + \cos 4\pi t := f_0(t) + f_1(t) + f_2(t)$$

ここで，$f_0(t) = 1$ が直流成分，$f_1(t) = 0.5\cos 2\pi t$ が基本波成分，$f_2(t) = \cos 4\pi t$ が 2 次高調波成分である．関数 $f(t)$ が $f_0(t)$, $f_1(t)$, $f_2(t)$ の線形結合で表されることを図 **3.9** に示す．

図 3.9

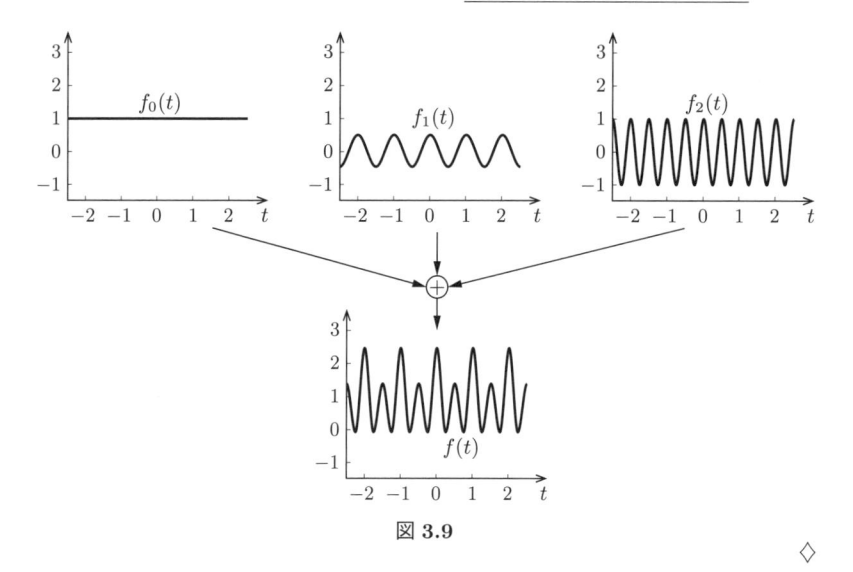

この例のように，$f(t)$ が実関数の場合には，$f^*(t) = f(t)$ であるので

$$f(t) = \sum_{n=-\infty}^{\infty} c_n^* e^{-jn\omega_0 t} = \sum_{n=-\infty}^{\infty} c_{-n}^* e^{jn\omega_0 t} \tag{3.68}$$

が成り立つ。したがって，つぎの関係式が得られる。

$$c_n^* = c_{-n} \tag{3.69}$$

例題 3.7 図 3.10 に示す周期的な矩形波 $f(t)$ を考える。この関数の複素フーリエ級数を求め，図示せよ。

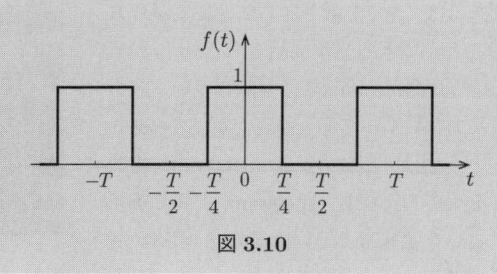

図 3.10

【解答】 この関数の基本周期は T なので，基本角周波数は $\omega_0 = 2\pi/T$ である。そこで，式 (3.64) を用いて複素フーリエ級数を決定しよう。どの区間を用いても

結果は同じなので，ここでは区間 $-T/2 \leqq t < T/2$ について考える。

まず，$n = 0$ に対して次式が得られる。

$$c_0 = \frac{1}{T} \int_{-T/4}^{T/4} \mathrm{d}t = \frac{1}{2}$$

ここで，c_0 は $f(t)$ の平均値と考えることもできる。つぎに，$n \neq 0$ に対して

$$c_n = \frac{1}{T} \int_{-T/4}^{T/4} e^{-jn\omega_0 t} \mathrm{d}t = \left[-\frac{1}{jn\omega_0 T} e^{-jn\omega_0 t} \right]_{-T/4}^{T/4}$$

$$= \frac{2}{n\omega_0 T} \left(\frac{e^{jn\omega_0 T/4} - e^{-jn\omega_0 T/4}}{2j} \right)$$

$$= \frac{1}{n\pi} \cdot \frac{1}{2j} \left(e^{jn\pi/2} - e^{-jn\pi/2} \right) = \frac{\sin \frac{n\pi}{2}}{n\pi}$$

が得られる。したがって

$$c_0 = \frac{1}{2},\ c_1 = c_{-1} = \frac{1}{\pi},\ c_3 = c_{-3} = -\frac{1}{3\pi},\ c_5 = c_{-5} = \frac{1}{5\pi},\ \cdots$$

が得られ，図 **3.11** にこれを示す。この例のように，周期関数のスペクトルは離散的な n に対して値を持っており，**離散スペクトル**と呼ばれる。

コーヒーブレイク

スペクトル

本来のスペクトルは光を分光器で波長の違いにより分解して順に並べたものをいうが，これを拡張して，複雑な組成を持つものを単純な成分に分解し，その成分を特徴づけるある量の大小によって並べたものもスペクトルという。右図に示すプリズムは，光を分散させることによってスペクトルを得ることができる光学部品である。

スペクトルという用語は，image の意味のラテン語を語源としてニュートンによって導入されたが，スペクトルを英語で書くときには，単数のとき spectrum，複数のとき spectra を用いる。なお，spectrum という英単語には「幽霊」という意味もある。幽霊に惑わされず，スペクトルを使いこなせるようになりたい。

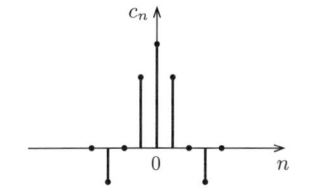

図 3.11 周期的な矩形波のスペクトル（フーリエ係数）

3.2.4 フーリエ級数を用いた無限級の和の公式の導出

再び例題 3.1 を考えよう。この例題において，$a = \pi/2$ とおくと，フーリエ級数展開

$$f(t) = \frac{2}{\pi}\left[\frac{\pi}{4} + \cos t - \frac{1}{3}\cos 3t + \frac{1}{5}\cos 5t - \cdots\right] \tag{3.70}$$

が得られる。この式に $t = 0$ を代入すると

$$f(0) = 1 = \frac{2}{\pi}\left(\frac{\pi}{4} + 1 - \frac{1}{3} + \frac{1}{5} - \cdots\right)$$

が得られる。いま，もとの関数のグラフより明らかなように，$f(0) = 1$ なので

$$1 - \frac{1}{3} + \frac{1}{5} - \cdots = \frac{\pi}{4} \tag{3.71}$$

という無限級数の和の公式が得られる。

例題 3.8 以下の問に答えよ。

(1) 図 3.12 に示す周期関数 $f(t)$ をフーリエ級数展開せよ。

(2) フーリエ級数展開において，$t = \pi/2$ とおくことにより，無限級数の和の公式を導け。

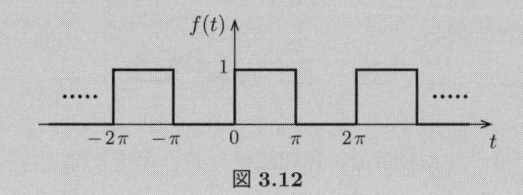

図 3.12

【解答】
(1) フーリエ級数展開は次式のようになる。

$$f(t) = \frac{1}{2} + \frac{2}{\pi}\left(\sin t + \frac{1}{3}\sin 3t + \cdots\right) \tag{3.72}$$

$$= \frac{1}{2} + \frac{2}{\pi}\sum_{n=0}^{\infty}\frac{1}{2n+1}\sin(2n+1)t \tag{3.73}$$

(2) 式 (3.73) に $t = \pi/2$ を代入すると，無限級数の公式（p.81）

$$1 - \frac{1}{3} + \frac{1}{5} - \frac{1}{7} + \cdots = \frac{\pi}{4} \tag{3.74}$$

あるいは

$$\sum_{n=0}^{\infty}\frac{(-1)^n}{2n+1} = \frac{\pi}{4} \tag{3.75}$$

が得られる．これは式 (3.71) と同じ結果であり，**ライプニッツの公式**（あるいは，マーダヴァ＝ライプニッツ級数）として知られている．

3.2.5　パーセバルの定理

フーリエ解析における時間の世界と周波数の世界を結びつける重要な定理がパーセバルの定理である．これをつぎのポイントにまとめよう．

【ポイント 3.13】パーセバルの定理（Parseval's theorem）

$$\frac{1}{T}\int_{-T/2}^{T/2} f^2(t)\,dt = \frac{a_0^2}{4} + \frac{1}{2}\sum_{n=1}^{\infty}(a_n^2 + b_n^2) = \sum_{n=-\infty}^{\infty}|c_n|^2 \tag{3.76}$$

ここで，最左辺は時間 (t) の世界でのエネルギーを表し，最右辺は周波数 (ω) の世界でのエネルギーを表す．

3.3　フーリエ変換

前節で与えたフーリエ級数は，周期関数，言い換えれば定常的に値を持つ持続的な関数（あるいは定常的な信号とも呼ばれる）に対して定義された．本節では，無限周期，すなわち非周期関数に対するフーリエ変換を与えよう．ここ

で考える非周期関数とは，$t \to \pm\infty$ のとき関数値が 0 に向かうものであり，定常的な信号に対して過渡的な信号と呼ばれることもある．定常的な信号と過渡的な信号の一例を図 **3.13** に示す．

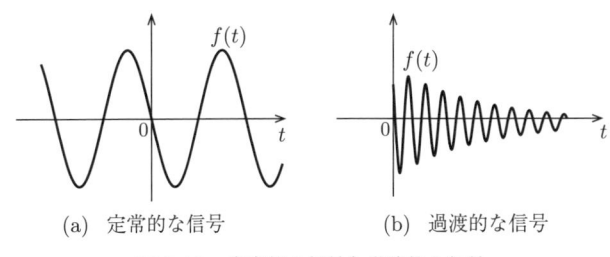

(a) 定常的な信号

(b) 過渡的な信号

図 **3.13** 定常的な信号と過渡的な信号

3.3.1 フーリエ変換の定義

式 (3.63), (3.64) で与えた複素フーリエ級数からフーリエ変換を導こう．図 **3.14** に示すように

$$\Delta\omega = \frac{2\pi}{T}, \quad \omega_n = \frac{2n\pi}{T} = n\Delta\omega \tag{3.77}$$

とおく．これは，複素平面上の単位円の円周上を T 分割していることを意味する．すると，式 (3.63) は

$$f(t) = \frac{1}{2\pi} \sum_{n=-\infty}^{\infty} \Delta\omega \int_{-T/2}^{T/2} f(\tau) e^{j\omega_n(t-\tau)} \, d\tau \tag{3.78}$$

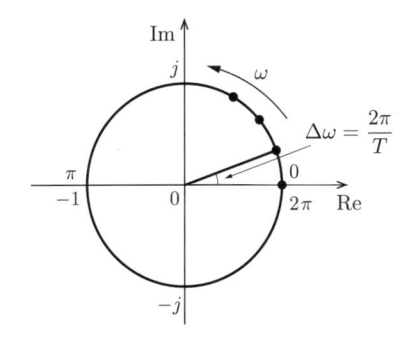

図 **3.14** 単位円周上の分割

のように変形される。

ここで，分割数を増やしていき，$T \to \infty$ の極限をとると

$$\omega_n \to \omega, \quad \Delta\omega \to d\omega, \quad \sum_{n=-\infty}^{\infty} \Delta\omega \to \int_{-\infty}^{\infty} d\omega$$

となるので

$$f(t) = \frac{1}{2\pi} \int_{-\infty}^{\infty} d\omega \int_{-\infty}^{\infty} f(\tau)e^{j\omega(t-\tau)} d\tau \tag{3.79}$$

となる。このとき，つぎに与えるフーリエ変換が存在する。

【ポイント 3.14】フーリエ変換 関数 $f(t)$ が絶対可積分の条件

$$\int_{-\infty}^{\infty} |f(\tau)| d\tau < \infty \tag{3.80}$$

を満たせば，任意の ω に対して

$$F(\omega) = \int_{-\infty}^{\infty} f(t)e^{-j\omega t} dt \tag{3.81}$$

が存在し，この $F(\omega)$ を $f(t)$ の**フーリエ変換**（Fourier transform）という。このとき，$e^{-j\omega t}$ をフーリエ変換の**核**（kernel）という。

一方，式 (3.81) より逆変換が定義できる。

【ポイント 3.15】逆フーリエ変換 $F(\omega)$ が与えられたとき，その**逆フーリエ変換**（inverse Fourier transform）は次式で定義される。

$$f(t) = \frac{1}{2\pi} \int_{-\infty}^{\infty} F(\omega)e^{j\omega t} d\omega \tag{3.82}$$

$f(t)$ と $F(\omega)$ を**フーリエ変換対**（Fourier pair）といい，本書では簡単のため，つぎのような記法で表すこともある。

$$F(\omega) = \mathcal{F}[f(t)], \quad f(t) = \mathcal{F}^{-1}[F(\omega)] \tag{3.83}$$

$T \to \infty$ の極限をとることによってフーリエ変換が導出されたことからも明らかなように，フーリエ変換は無限周期関数に対して適用できる。式 (3.81) か

ら明らかなように，時間領域の関数 $f(t)$ に対してフーリエ変換を施すことによって，周波数領域の関数 $F(\omega)$ に変換している[†]。

さて，式 (3.81) で計算された $F(\omega)$ は，一般に周波数 ω の複素関数であるので，次式のように極座標形式で表現することができる。

$$F(\omega) = |F(\omega)|e^{j\angle F(\omega)} \tag{3.84}$$

ただし，フーリエ級数の場合と同じように，$|F(\omega)|$ は**振幅スペクトル**であり

$$\angle F(\omega) = \arctan \frac{\mathrm{Im} F(\omega)}{\mathrm{Re} F(\omega)} \tag{3.85}$$

は**位相スペクトル**と呼ばれる。また，$|F(\omega)|^2$ は $f(t)$ の**エネルギー密度スペクトル**（energy density spectrum）と呼ばれる。

なぜ「密度」という表現になるかというと，周波数 ω と $\omega + \mathrm{d}\omega$ の間に存在する関数 $f(t)$ のエネルギーの総量は

$$\frac{1}{2\pi} \int_{\omega}^{\omega+\mathrm{d}\omega} |F(\omega)|^2 \, \mathrm{d}\omega$$

であると考えられるからである。

例題 3.9 図 3.15 に示す片側指数関数

$$f(t) = \begin{cases} 0, & t < 0 \\ e^{-\lambda t}, & t \geqq 0, \lambda > 0 \end{cases}$$

をフーリエ変換せよ。また，$\lambda = 0.7$ とした場合，この関数の振幅スペクトルと位相スペクトルを図示せよ。ただし，時間 t の単位を秒とする。

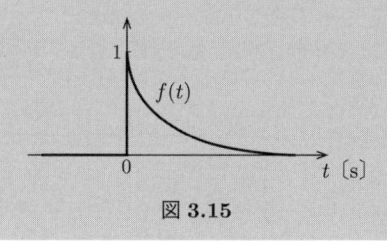

図 3.15

[†] 本書では，原則的に時間領域の関数は小文字で表し，周波数領域の信号は大文字で表すことにする。

【解答】 式 (3.81) より

$$F(\omega) = \int_0^\infty e^{-\lambda t} e^{-j\omega t}\, dt = \frac{1}{j\omega + \lambda} \quad (3.86)$$

となる．この複素関数を有理化すると

$$F(\omega) = \frac{\lambda}{\lambda^2 + \omega^2} - j\frac{\omega}{\lambda^2 + \omega^2}$$

となるので，これより振幅スペクトル $|F(\omega)|$ と位相スペクトル $\angle F(\omega)$ は，それぞれつぎのように計算される．

$$|F(\omega)| = \sqrt{\left(\frac{\lambda}{\lambda^2 + \omega^2}\right)^2 + \left(\frac{\omega}{\lambda^2 + \omega^2}\right)^2} = \frac{1}{\sqrt{\lambda^2 + \omega^2}} \quad (3.87)$$

$$\angle F(\omega) = \arctan\frac{\mathrm{Im}F(\omega)}{\mathrm{Re}F(\omega)} = -\arctan\left(\frac{\omega}{\lambda}\right) \quad (3.88)$$

振幅スペクトルと位相スペクトルを図 **3.16** に示す．図からわかるように，それぞれのスペクトルは周波数に対して連続関数となり，これらは**連続スペクトル**と呼ばれる．

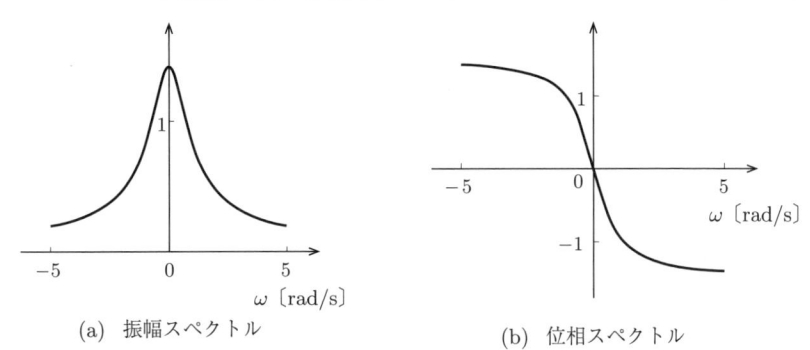

(a) 振幅スペクトル (b) 位相スペクトル

図 **3.16**

例題 3.10 図 **3.17** に示す矩形関数（矩形波ともいう）のフーリエ変換 $F(\omega)$ を求めよ．また，$T = \pi$ とした場合の $F(\omega)$ を図示せよ．

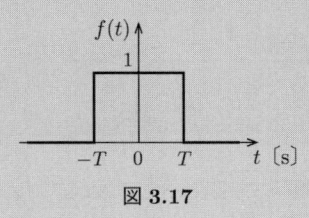

図 **3.17**

【解答】 式 (3.81) より

$$F(\omega) = \int_{-\infty}^{\infty} f(t)e^{-j\omega t}dt = \int_{-T}^{T} e^{-j\omega t}dt$$
$$= \frac{2}{\omega}\frac{1}{2j}(e^{j\omega T} - e^{-j\omega T}) = \frac{2\sin\omega T}{\omega} \quad (3.89)$$

が得られる。$T = \pi$ とした場合の $F(\omega)$ を図 **3.18** に示す。

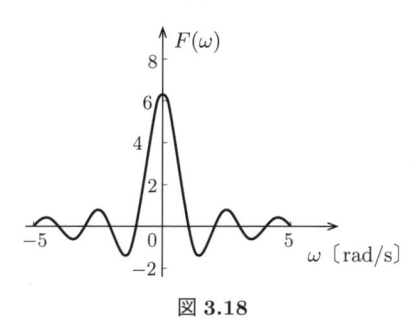

図 3.18

◇

式 (3.89) のような関数は，フーリエ解析や LTI システムの解析，さらにはサンプリングにおいて利用される有名な関数である。特に

$$\mathrm{sinc}\,x = \frac{\sin\pi x}{\pi x} \quad (3.90)$$

のことを **sinc 関数**[†]といい，図 **3.19** にこれを示す。つぎのような公式

$$\lim_{x\to 0} \frac{\sin x}{x} = 1 \quad (3.91)$$

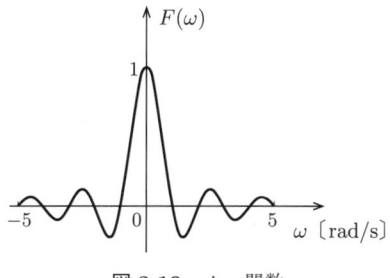

図 3.19 sinc 関数

[†] 英語読みでは「シンク関数」と発音する。また，ドイツ語読みで「ジンク関数」と発音することもある。

を暗記している読者も多いだろう。図 3.19 より明らかなように，$\omega \to 0$ の極限では sinc 関数は 1 に一致する。また，sinc 関数を用いると，式 (3.89) はつぎのように表現できる。

$$\frac{2\sin\omega T}{\omega} = 2T\,\mathrm{sinc}\left(\frac{\omega T}{\pi}\right)$$

例題 3.11 図 3.20 に示す $f(t)$ をフーリエ変換せよ。

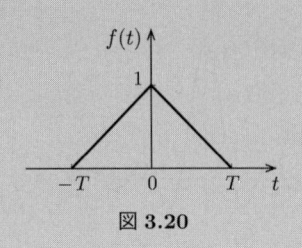

図 3.20

【解答】 $f(t)$ は次式のように書ける。

$$f(t) = 1 - \frac{|t|}{T} \tag{3.92}$$

この関数のフーリエ変換は，つぎのように計算できる。

$$\begin{aligned} F(\omega) &= \int_{-T}^{0}\left(1+\frac{t}{T}\right)e^{-j\omega t}\,\mathrm{d}t + \int_{0}^{T}\left(1-\frac{t}{T}\right)e^{-j\omega t}\,\mathrm{d}t \\ &= \int_{-T}^{T} e^{-j\omega t}\,\mathrm{d}t + \frac{1}{T}\left[\int_{-T}^{0} t e^{-j\omega t}\,\mathrm{d}t - \int_{0}^{T} t e^{-j\omega t}\,\mathrm{d}t\right] \end{aligned} \tag{3.93}$$

式 (3.93) のそれぞれの項について計算していこう。まず，右辺第 1 項はつぎのように計算できる。

$$\begin{aligned} \int_{-T}^{T} e^{-j\omega t}\,\mathrm{d}t &= -\frac{1}{j\omega}\left[e^{-j\omega t}\right]_{-T}^{T} = -\frac{1}{j\omega}\left(e^{-j\omega T} - e^{j\omega T}\right) \\ &= \frac{2}{\omega}\frac{1}{2j}\left(e^{j\omega T} - e^{-j\omega T}\right) = \frac{2}{\omega}\sin\omega T \end{aligned} \tag{3.94}$$

ここで，オイラーの関係式から得られる次式を用いた。

$$\sin\omega T = \frac{1}{2j}\left(e^{j\omega T} - e^{-j\omega T}\right)$$

つぎに，部分積分を用いると，式 (3.93) の右辺第 2 項は

$$\int_{-T}^{0} t e^{-j\omega t}\,\mathrm{d}t = \left[-t\frac{1}{j\omega}e^{-j\omega t}\right]_{-T}^{0} + \frac{1}{j\omega}\int_{-T}^{0} e^{-j\omega t}\,\mathrm{d}t$$

$$= -\frac{T}{j\omega}e^{j\omega T} + \frac{1}{\omega^2}(1 - e^{j\omega T}) \tag{3.95}$$

となる。同様にして，第3項はつぎのようになる。

$$\int_0^T t e^{-j\omega t}\,\mathrm{d}t = -\frac{T}{j\omega}e^{-j\omega T} + \frac{1}{\omega^2}(e^{-j\omega T} - 1) \tag{3.96}$$

式 (3.94)〜式 (3.96) を式 (3.93) に代入すると，次式のようになる。

$$\begin{aligned}
F(\omega) &= \frac{2}{\omega}\sin\omega T + \frac{1}{T}\left[\frac{T}{j\omega}(-e^{j\omega T} + e^{-j\omega T})\right.\\
&\qquad\qquad \left. -\frac{1}{\omega^2}(e^{j\omega T} + e^{-j\omega T}) + \frac{2}{\omega^2}\right]\\
&= \frac{2}{\omega}\sin\omega T + \frac{1}{T}\left[-\frac{2T}{\omega}\frac{1}{2j}(e^{j\omega T} - e^{-j\omega T})\right.\\
&\qquad\qquad \left. -\frac{2}{\omega^2}\frac{1}{2}(e^{j\omega T} + e^{-j\omega T}) + \frac{2}{\omega^2}\right]\\
&= \frac{2}{\omega}\sin\omega T + \frac{1}{T}\left[-\frac{2T}{\omega}\sin\omega T - \frac{2}{\omega^2}\cos\omega T + \frac{2}{\omega^2}\right]\\
&= \frac{2}{T\omega^2}(1 - \cos\omega T) \tag{3.97}
\end{aligned}$$

例題 3.12 関数

$$f(t) = e^{-a|t|}, \quad a > 0$$

を図示し，そしてフーリエ変換せよ。

【解答】 この関数を図示すると図 3.21 のようになる。そして，$f(t)$ は次式のように表される。

$$f(t) = \begin{cases} e^{-at}, & t > 0 \text{ のとき} \\ e^{at}, & t < 0 \text{ のとき} \end{cases}$$

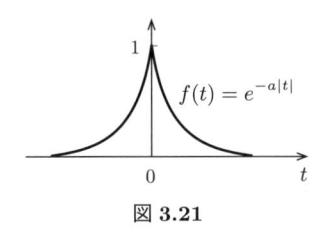

図 **3.21**

すると，フーリエ変換は次式のように計算することができる。

$$F(\omega) = \int_{-\infty}^{0} e^{at} e^{-j\omega t} \, dt + \int_{0}^{\infty} e^{-at} e^{-j\omega t} \, dt$$

$$= \int_{-\infty}^{0} e^{(a-j\omega)t} \, dt + \int_{0}^{\infty} e^{-(a+j\omega)t} \, dt$$

$$= \frac{1}{a-j\omega} \left[e^{(a-j\omega)t} \right]_{-\infty}^{0} - \frac{1}{a+j\omega} \left[e^{-(a+j\omega)t} \right]_{0}^{\infty}$$

$$= \frac{1}{a-j\omega} + \frac{1}{a+j\omega} = \frac{2a}{a^2 + \omega^2}$$

例題 3.13 つぎの関数 $f(t)$ をフーリエ変換せよ。

$$f(t) = \cos\omega_0 t, \quad -\frac{T}{4} \leqq t \leqq \frac{T}{4}$$

【解答】 この関数を図示すると，図 3.22 のようになる。まず，周期 T は $T = 2\pi/\omega_0$ なので

$$\frac{T}{4} = \frac{\pi}{2\omega_0}$$

が得られる。そして，フーリエ変換は次式のように計算できる。

$$F(\omega) = \int_{-\frac{\pi}{2\omega_0}}^{\frac{\pi}{2\omega_0}} \cos\omega_0 t \, e^{-j\omega t} \, dt$$

$$= \frac{1}{2} \int_{-\frac{\pi}{2\omega_0}}^{\frac{\pi}{2\omega_0}} \left(e^{j\omega_0 t} + e^{-j\omega_0 t} \right) e^{-j\omega t} \, dt$$

$$= \frac{1}{2} \int_{-\frac{\pi}{2\omega_0}}^{\frac{\pi}{2\omega_0}} e^{j(\omega_0 - \omega)t} \, dt + \frac{1}{2} \int_{-\frac{\pi}{2\omega_0}}^{\frac{\pi}{2\omega_0}} e^{-j(\omega_0 + \omega)t} \, dt$$

$$= \frac{1}{2j(\omega_0 - \omega)} \left[e^{j(\omega_0 - \omega)\frac{\pi}{2\omega_0}} - e^{-j(\omega_0 - \omega)\frac{\pi}{2\omega_0}} \right]$$

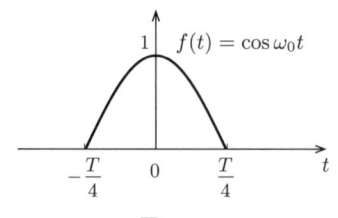

図 3.22

$$-\frac{1}{2j(\omega_0+\omega)}\left[e^{-j(\omega_0+\omega)\frac{\pi}{2\omega_0}} - e^{j(\omega_0+\omega)\frac{\pi}{2\omega_0}}\right] \tag{3.98}$$

上式右辺第 1 項は，つぎのように変形できる．

$$\frac{1}{2j(\omega_0-\omega)}\left[e^{j(\omega_0-\omega)\frac{\pi}{2\omega_0}} - e^{-j(\omega_0-\omega)\frac{\pi}{2\omega_0}}\right]$$
$$= \frac{1}{2j(\omega_0-\omega)}\left[e^{j\frac{\pi}{2}}e^{-j\frac{\omega}{2\omega_0}\pi} - e^{-j\frac{\pi}{2}}e^{j\frac{\omega}{2\omega_0}\pi}\right]$$
$$= \frac{1}{2j(\omega_0-\omega)}\left[je^{-j\frac{\omega}{2\omega_0}\pi} + je^{j\frac{\omega}{2\omega_0}\pi}\right]$$
$$= \frac{1}{\omega_0-\omega}\cos\frac{\omega}{2\omega_0}\pi \tag{3.99}$$

同様にして，第 2 項は，つぎのようになる．

$$-\frac{1}{2j(\omega_0+\omega)}\left[e^{-j(\omega_0+\omega)\frac{\pi}{2\omega_0}} - e^{j(\omega_0+\omega)\frac{\pi}{2\omega_0}}\right]$$
$$= \frac{1}{\omega_0+\omega}\cos\frac{\omega}{2\omega_0}\pi \tag{3.100}$$

式 (3.99) と式 (3.100) を式 (3.98) に代入すると，次式が得られる．

$$F(\omega) = \frac{1}{\omega_0-\omega}\cos\frac{\omega}{2\omega_0}\pi + \frac{1}{\omega_0+\omega}\cos\frac{\omega}{2\omega_0}\pi$$
$$= \frac{2\omega_0}{\omega_0^2-\omega^2}\cos\frac{\omega}{2\omega_0}\pi \tag{3.101}$$

3.3.2 周期関数のフーリエ変換

さて，正弦波関数 $f(t) = \sin\omega t$ は

$$\int_{-\infty}^{\infty}|\sin\omega\tau|\,d\tau = \infty \tag{3.102}$$

となり，絶対可積分の条件を満たさないので，そのフーリエ変換は存在しないことになる．したがって，フーリエ級数では中心的な役割を果たしてきた，正弦波を代表とする周期関数のフーリエ変換は存在しないことになる．そこで，単位インパルス関数を導入することによって，周期関数のフーリエ変換を求めよう．

まず，単位インパルス関数のフーリエ変換は，1.2 節でまとめた単位インパルス関数の性質 3 より

$$\int_{-\infty}^{\infty}\delta(t)e^{-j\omega t}\,dt = 1 \tag{3.103}$$

となる。これより，単位インパルス関数を，フーリエ変換が 1 になる信号と定義することもできる。このように，単位インパルス関数は乗算における単位元 1 のように，フーリエ解析において単位元となる重要な関数である。

つぎに，関数 $f(t)$ のフーリエ変換が

$$F(\omega) = 2\pi\delta(\omega - \omega_0) \tag{3.104}$$

で与えられる場合を考えよう。この $F(\omega)$ を逆フーリエ変換すると

$$f(t) = \frac{1}{2\pi}\int_{-\infty}^{\infty} 2\pi\delta(\omega - \omega_0)e^{j\omega t}\mathrm{d}\omega = e^{j\omega_0 t} \tag{3.105}$$

が得られる。ここで，再び単位インパルス関数の性質 3 を用いた。

この関係を一般化すると

$$F(\omega) = \sum_{n=-\infty}^{\infty} 2\pi c_n \delta(\omega - n\omega_0) \tag{3.106}$$

の逆フーリエ変換は

$$f(t) = \sum_{n=-\infty}^{\infty} c_n e^{jn\omega_0 t} \tag{3.107}$$

で与えられる。これは，式 (3.63) で与えた周期関数のフーリエ級数表現にほかならない。このように，フーリエ係数 $\{c_n\}$ を持つ周期関数のフーリエ変換は，式 (3.106) のように，$\{2\pi c_n\}$ を係数とするインパルス列となる。

例題 3.14 つぎの周期関数のフーリエ変換を求め，それらを図示せよ。

(1) $f(t) = \sin\omega_0 t$　　(2) $g(t) = \cos\omega_0 t$

【解答】
(1) $f(t)$ のフーリエ級数表現

$$f(t) = \sin\omega_0 t = \frac{1}{2j}e^{j\omega_0 t} - \frac{1}{2j}e^{-j\omega_0 t}$$

より，フーリエ係数はつぎのようになる。

$$c_1 = \frac{1}{2j}, \quad c_{-1} = -\frac{1}{2j}, \quad c_n = 0 \quad (n \neq \pm 1)$$

よって

$$F(\omega) = \mathcal{F}[f(t)] = \frac{\pi}{j}\{\delta(\omega - \omega_0) - \delta(\omega + \omega_0)\}$$

$F(\omega)$ を図 **3.23** (a) に示す。

(2) 同様にして

$$g(t) = \cos\omega_0 t = \frac{1}{2}e^{j\omega_0 t} + \frac{1}{2}e^{-j\omega_0 t}$$

となり，よって

$$G(\omega) = \mathcal{F}[g(t)] = \pi\{\delta(\omega - \omega_0) + \delta(\omega + \omega_0)\}$$

となる。$G(\omega)$ を図 3.23 (b) に示す。

(a) $\mathcal{F}[\sin\omega_0 t]$　　(b) $\mathcal{F}[\cos\omega_0 t]$

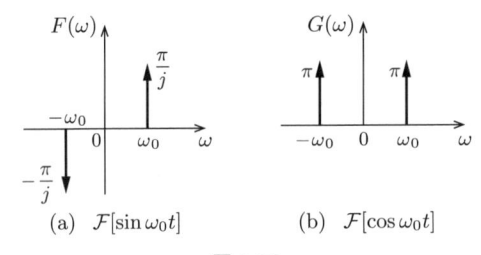

図 **3.23**

◇

この例題から，つぎの二つの重要な事実が導かれる。

まず，図 3.23 より，正弦波をフーリエ変換して得られるスペクトルは直線になることがわかる。このようなスペクトルの形を**線スペクトル** (line spectrum) という。周期関数は，連続的なスペクトルを持たず，離散的な周波数におけるスペクトルを持つことに注意する。例えば，例題 3.7 の周期的な矩形波のスペクトルは，その解答図（図 3.11）に与えたように離散的であったが，例題 3.10 の矩形波のスペクトルはその解答図（図 3.18）に示したように連続的である。これらの事実をまとめると，つぎのようになる。

【ポイント 3.16】フーリエ級数とフーリエ変換　フーリエ級数（周期関数に対応）とフーリエ変換（非周期関数に対応）とは，**離散スペクトル**と**連続スペクトル**の対応関係にある。

つぎに，$f(t) = \sin\omega_0 t$ は奇関数であり，このときのスペクトルは純虚数になっている。一方，$g(t) = \cos\omega_0 t$ は偶関数であり，このときのスペクトルは実数になっている。これらの事実は，一般的な奇関数，偶関数に対して成立するものである。

例題 3.15 図 3.24 に示す周期的な**インパルス列**（impulse train）

$$x(t) = \sum_{n=-\infty}^{\infty} \delta(t - nT) \tag{3.108}$$

のフーリエ変換を求めよ。

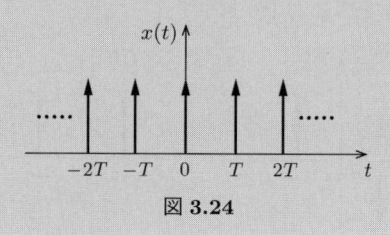

図 3.24

【解答】 $x(t)$ のフーリエ係数は

$$c_n = \frac{1}{T} \int_{-T/2}^{T/2} \delta(t) e^{-jn\omega_0 t}\, \mathrm{d}t = \frac{1}{T}$$

となる。ただし，$\omega_0 = 2\pi/T$ とおいた。よって，$x(t)$ のフーリエ変換は

$$X(\omega) = \omega_0 \sum_{k=-\infty}^{\infty} \delta(\omega - k\omega_0) \tag{3.109}$$

となる。これを図 3.25 に示す。

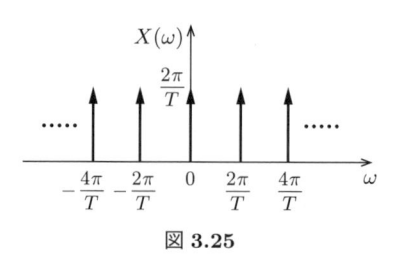

図 3.25

◇

この例題の結果より，時間領域におけるインパルス列をフーリエ変換すると，周波数領域においてもまたインパルス列になることがわかる。この結果は本書の範囲を越えてしまうが，連続時間信号を離散時間信号に変換するときに利用するサンプリングという操作において重要になる。

例題 3.16 図 3.26 に示す符号関数 $f(t)$ をフーリエ変換せよ。ただし

$$f(t) = \begin{cases} 1, & t > 0 \text{ のとき} \\ -1, & t < 0 \text{ のとき} \end{cases}$$

である。また，単位ステップ信号 $u_s(t)$ のフーリエ変換

$$\mathcal{F}[u_s(t)] = \frac{1}{j\omega} + \pi\delta(\omega)$$

は既知であるとする。

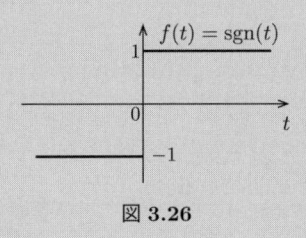

図 3.26

【解答】 1章で勉強したように，単位ステップ信号は次式のように偶信号成分 $\mathcal{EV}\{u_s(t)\}$ と奇信号成分 $\mathcal{OD}\{u_s(t)\}$ に分解できる。

$$u_s(t) = \mathcal{EV}\{u_s(t)\} + \mathcal{OD}\{u_s(t)\}$$

ただし

$$\mathcal{EV}\{u_s(t)\} = \frac{1}{2}\{u_s(t) + u_s(-t)\} = 0.5$$
$$\mathcal{OD}\{u_s(t)\} = \frac{1}{2}\{u_s(t) - u_s(-t)\} = 0.5\,\mathrm{sgn}(t)$$

である。この様子を図 3.27 に示す。したがって，次式が得られる。

$$2u_s(t) = 1 + \mathrm{sgn}(t)$$

よって

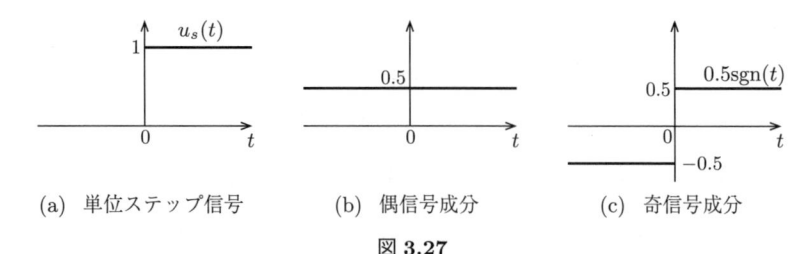

(a) 単位ステップ信号　　(b) 偶信号成分　　(c) 奇信号成分

図 3.27

$$\mathrm{sgn}(t) = 2u_s(t) - 1$$

となる。この両辺をフーリエ変換すると，次式が得られる。

$$\mathcal{F}[\mathrm{sgn}(t)] = 2\mathcal{F}[u_s(t)] - \mathcal{F}[1]$$
$$= 2\left(\frac{1}{j\omega} + \pi\delta(\omega)\right) - 2\pi\delta(\omega) = \frac{2}{j\omega}$$

ここで

$$\mathcal{F}[e^{j\omega_0 t}] = 2\pi\delta(\omega - \omega_0)$$

において，$\omega_0 = 0$ とおくと

$$\mathcal{F}[1] = 2\pi\delta(\omega)$$

が得られ，これを上式で利用している。

3.4　フーリエ変換の性質

本節では，フーリエ変換の性質を調べていこう。

まず，関数 $f(t)$ が二つの関数 $x(t), y(t)$ の重みつき和

$$f(t) = ax(t) + by(t) \tag{3.110}$$

で表される場合を考える。ただし，a, b は実定数とする。このとき

$$\mathcal{F}[f(t)] = \mathcal{F}[ax(t) + by(t)] = \int_{-\infty}^{\infty} \{ax(t) + by(t)\}e^{-j\omega t}\,\mathrm{d}t$$
$$= a\int_{-\infty}^{\infty} x(t)e^{-j\omega t}\,\mathrm{d}t + b\int_{-\infty}^{\infty} y(t)e^{-j\omega t}\,\mathrm{d}t$$

$$= a\mathcal{F}[x(t)] + b\mathcal{F}[y(t)]$$

が成り立つ．したがって，フーリエ変換に対して重ね合わせの理が成り立ち，つぎの性質が得られる．

> **【性質 1】線形性** a, b を実定数とすると，次式が成り立つ．
> $$\mathcal{F}[ax(t) + by(t)] = a\mathcal{F}[x(t)] + b\mathcal{F}[y(t)] \tag{3.111}$$

実関数に対して

$$\begin{aligned}X^*(\omega) &= \left[\int_{-\infty}^{\infty} x(t)e^{-j\omega t}\mathrm{d}t\right]^* = \int_{-\infty}^{\infty} x^*(t)e^{j\omega t}\mathrm{d}t \\ &= \int_{-\infty}^{\infty} x(t)e^{j\omega t}\mathrm{d}t \quad (\text{実関数なので，} x(t) = x^*(t)) \\ &= \int_{-\infty}^{\infty} x(-t)e^{-j\omega t}\mathrm{d}t = X(-\omega)\end{aligned}$$

が成り立つので，つぎの性質が得られる．

> **【性質 2】共役対称性** $x(t)$ を実関数とすると，次式が成り立つ．
> $$X(-\omega) = X^*(\omega) \tag{3.112}$$

つぎに，$x(t)$ が時間 τ だけ遅れた信号 $x(t-\tau)$ のフーリエ変換に関する性質を与えよう．

> **【性質 3】時間軸推移**
> $$\mathcal{F}[x(t-\tau)] = e^{-j\omega\tau}\mathcal{F}[x(t)] \tag{3.113}$$

いま，$X_\tau(\omega) = \mathcal{F}[x(t-\tau)]$ とおくと，式 (3.113) は

$$X_\tau(\omega) = e^{-j\omega\tau}X(\omega)$$

となる．このとき，極座標表現を用いると，$X(\omega)$ は

$$X(\omega) = |X(\omega)|e^{j\angle X(\omega)}$$

となる。一方，$X_\tau(\omega)$ は

$$X_\tau(\omega) = |X_\tau(\omega)|e^{j\angle X_\tau(\omega)} = |X(\omega)|e^{j(\angle X(\omega) - \omega\tau)}$$

と表せるので，次式が導かれる。

$$|X_\tau(\omega)| = |X(\omega)| \tag{3.114}$$

$$\angle X_\tau(\omega) = \angle X(\omega) - \omega\tau \tag{3.115}$$

ここで，τ は**時間遅延**（time delay）と呼ばれる。式 (3.115) より，時間遅延により時間軸推移した場合，振幅スペクトルは変化しないが，位相スペクトルは ω に関して直線的に遅れる。これは，**直線位相特性**（linear phase characteristic）と呼ばれる性質である。

制御システムでは，時間遅延は**むだ時間**（dead time）と呼ばれる。むだ時間が存在すると位相が遅れるため，制御システムではその取り扱いに注意を要する。

例題 3.17 例題 3.10 の結果とフーリエ変換の性質 3 を用いて，図 **3.28** に示す関数をフーリエ変換せよ。また，図示した関数のフーリエ変換を直接計算し，それぞれの結果を比較せよ。

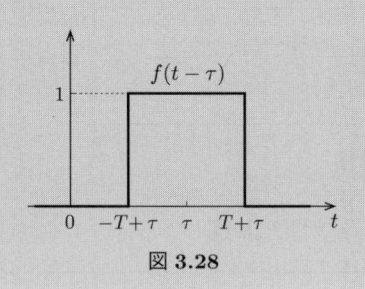

図 3.28

【解答】 性質 3 より，ただちに次式が得られる。

$$F_\tau(\omega) = \mathcal{F}[f(t-\tau)] = e^{-j\omega\tau}\frac{2\sin\omega T}{\omega}$$

一方，性質 3 を用いずにフーリエ変換の定義を用いて計算してみよう。

$$F_\tau(\omega) = \int_{-\infty}^{\infty} f(t-\tau)e^{-j\omega t}\mathrm{d}t = \int_{-T+\tau}^{T+\tau} e^{-j\omega t}\,\mathrm{d}t$$

$$= \frac{1}{-j\omega} \left[e^{-j\omega t} \right]_{-T+\tau}^{T+\tau} = \frac{1}{-j\omega} e^{-j\omega \tau} \left[e^{-j\omega T} - e^{j\omega T} \right]$$
$$= e^{-j\omega \tau} \frac{2\sin \omega T}{\omega}$$

◇

この例題のように,直接計算すると複雑でも,性質 3 を利用することで簡単にフーリエ変換が行える。

性質 3 とは逆に,$X(\omega)$ を右に a だけ推移した $X(\omega - a)$ のフーリエ変換に関する性質をつぎに与えよう。

【性質 4】周波数軸推移

$$\mathcal{F}[e^{jat} x(t)] = X(\omega - a) \tag{3.116}$$

性質 3 と性質 4 は対で理解しておくとよい。

つぎに,$x(t)$ の時間軸を a 倍した関数 $x(at)$ のフーリエ変換を計算してみよう。まず,$a > 0$ のとき,$at = x$ として置換積分を行うと

$$\int_{-\infty}^{\infty} f(at) e^{-j\omega t} \, \mathrm{d}t = \frac{1}{a} \int_{-\infty}^{\infty} f(x) e^{-j\frac{\omega}{a} x} \, \mathrm{d}x = \frac{1}{a} F\left(\frac{\omega}{a}\right)$$

が得られる。また,$a < 0$ の場合も同様に計算できる。これより,つぎの性質を得る。

【性質 5】時間軸スケーリング

$$\mathcal{F}[x(at)] = \frac{1}{|a|} X\left(\frac{\omega}{a}\right) \tag{3.117}$$

ただし,a は 0 でない実定数である。

性質 5 についてもう少し調べよう。**図 3.29** (a) に示す矩形波 $f(t)$ について考える。このとき,$f(at)$ は図 3.29 (b) のようになり,そのフーリエ変換は性質 5 を利用することにより,次式で与えられる。

3. フーリエ解析

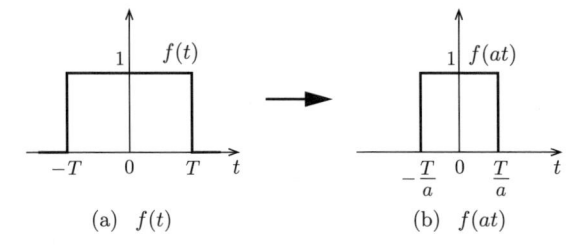

図 **3.29**
(a) $f(t)$
(b) $f(at)$

$$F_a(\omega) = \frac{1}{a} \frac{2\sin\dfrac{\omega T}{a}}{\dfrac{\omega}{a}} = \frac{2\sin\dfrac{\omega T}{a}}{\omega} \tag{3.118}$$

$a>1$ の場合の $F_a(\omega)$ を図 **3.30** に示す。図 3.30 (t1) に示すように,時間軸を a 倍すると,$f(at)$ の幅は狭くなる。一方,そのフーリエ変換は,図 3.30 (f1) に示すように,周波数軸方向に a 倍広くなり,縦軸方向に $1/a$ 倍小さくなる。すなわち,周波数帯域が広くなっていく。さらにどんどん a を大きくしていくと,時間領域では図 3.30 (t2) に示すように,信号はインパルス関数に近づき,周波数領域では図 3.30 (f2) に示すように,平坦なスペクトル形状を持つようになる。

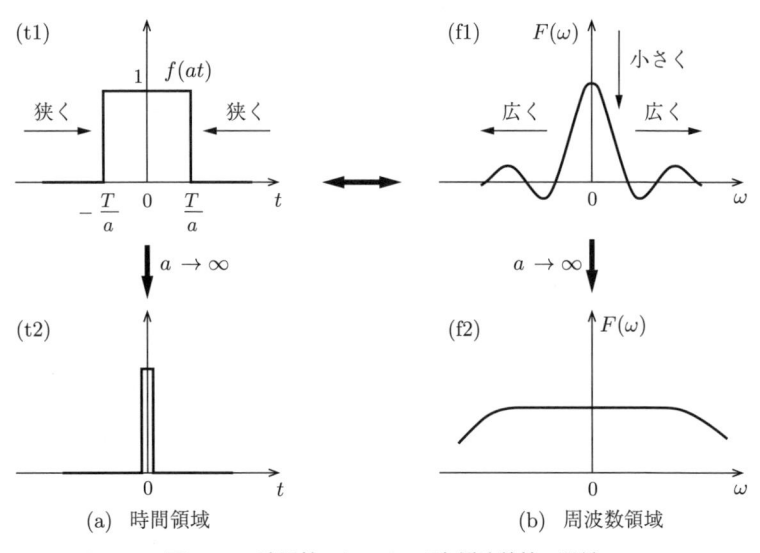

(a) 時間領域
(b) 周波数領域

図 **3.30** 時間軸スケーリングと周波数軸の関係

これより以下の事実を得る。

> **【ポイント 3.17】インパルス関数** インパルス関数はすべての周波数成分を含む信号である。

2 章で LTI システムをインパルス応答によって特徴づけた。この理由の一つとして，ポイント 3.17 より，周波数領域においてインパルス入力はすべての周波数成分を含む理想的な信号であることが挙げられる。

また，図 3.30 より，性質 5 はつぎのことを意味していることがわかる。

> **【ポイント 3.18】不確定性原理** 時間軸を a 倍すると，周波数軸は $1/a$ 倍される。すなわち，時間分解能を高めると周波数分解能は劣化する。逆に周波数分解能を高めると時間分解能は劣化する。このことより，時間分解能と周波数分解能の積をある値以下にすることはできない。これは，「位置の不確定さとそれに共役な運動量の不確定さとの積をある一定値以下にすることはできない」というハイゼルベルグ（Heidelberg）の不確定性原理にならって，不確定性原理と呼ばれる。

> **【性質 6】周波数軸スケーリング**
> $$\mathcal{F}\left[\frac{1}{|a|}x\left(\frac{t}{a}\right)\right] = X(a\omega) \tag{3.119}$$
> ただし，a は 0 でない実定数である。

これまで与えてきた性質から，時間領域と周波数領域の性質はたがいに関連していることに気づくだろう。これを**双対性**（duality）といい，つぎの性質にまとめることができる。

> **【性質 7】双対性**
> $$\mathcal{F}[X(t)] = 2\pi x(-\omega) \tag{3.120}$$

この性質は，次式より明らかである。

$$\mathcal{F}[X(t)] = \int_{-\infty}^{\infty} X(t)^{-j\omega t}\,\mathrm{d}t$$
$$= 2\pi \cdot \frac{1}{2\pi} \int_{-\infty}^{\infty} X(t) e^{j(-\omega)t}\,\mathrm{d}t = 2\pi x(-\omega)$$

つぎに，時間微分と時間積分に関する性質を与えよう。

【性質 8】時間微分 $x(t)$ が微分可能であれば

$$\mathcal{F}\left[\frac{\mathrm{d}x(t)}{\mathrm{d}t}\right] = j\omega X(\omega) \tag{3.121}$$

が成り立つ。さらに，高階微分に関しては次式が成り立つ。

$$\mathcal{F}\left[\frac{\mathrm{d}^n x(t)}{\mathrm{d}t^n}\right] = (j\omega)^n X(\omega) \tag{3.122}$$

【性質 9】時間積分

$$\mathcal{F}\left[\int_{-\infty}^{t} x(\tau)\,\mathrm{d}\tau\right] = \frac{1}{j\omega} X(\omega) + \pi X(0)\delta(\omega) \tag{3.123}$$

時間微分の性質を用いて，単位ステップ信号 $u_s(t)$ のフーリエ変換を計算しよう。例題 1.7 より，$u_s(t)$ は次式のように偶関数成分 $u_e(t)$ と奇関数成分 $u_o(t)$ に分解できる。

$$u_s(t) = u_e(t) + u_o(t) = 0.5 + [u_s(t) - 0.5]$$

まず，奇関数成分 $u_o(t)$ に対して次式が成り立つ。

$$\frac{\mathrm{d}u_o(t)}{\mathrm{d}t} = \frac{\mathrm{d}u(t)}{\mathrm{d}t} = \delta(t)$$

よって，時間微分の性質より

$$\mathcal{F}[\delta(t)] = \mathcal{F}\left[\frac{\mathrm{d}u_o(t)}{\mathrm{d}t}\right] = j\omega U_o(\omega)$$

を得る。ただし，$\mathcal{F}[u_o(t)] = U_o(\omega)$ とおいた。いま，$\mathcal{F}[\delta(t)] = 1$ なので

$$U_o(\omega) = \frac{1}{j\omega} \tag{3.124}$$

となる。ここで，$u_o(t)$ は奇関数なので，$U_o(\omega)$ は純虚数になっている点に注意する。

つぎに，$u_s(t)$ の偶関数成分 $u_e(t) = 0.5$ について考える。$u_e(t)$ は直流成分だけなので，周波数 0 を持つ周期関数とみなせる。よって，$u_e(t)$ のフーリエ変換は $\omega = 0$ におけるインパルスになるので，式 (3.106) で $c_0 = 0.5$, $c_i = 0$ $(i \neq 0)$ とおくことにより，次式を得る。

$$U_e(\omega) = \mathcal{F}[u_e(t)] = \mathcal{F}[0.5] = \pi\delta(\omega) \tag{3.125}$$

ここで，$u_e(t)$ は偶関数なので，$U_e(\omega)$ は実数になっている点に注意する。

式 (3.124), (3.125) より

$$\mathcal{F}[u_s(t)] = \mathcal{F}[u_o(t)] + \mathcal{F}[u_e(t)] = \frac{1}{j\omega} + \pi\delta(\omega) \tag{3.126}$$

が導かれる。これが単位ステップ信号のフーリエ変換である。

さて，式 (3.123) の時間積分の性質において，$x(t) = \delta(t)$ とおくことによって式 (3.126) を確認しよう。まず，式 (1.29) を用いると，式 (3.123) の左辺はつぎのようになる。

$$\mathcal{F}\left[\int_{-\infty}^{t} \delta(\tau)\mathrm{d}\tau\right] = \mathcal{F}[u_s(t)]$$

一方，式 (3.123) の右辺はつぎのようになる。

$$\frac{1}{j\omega}X(\omega) + \pi X(0)\delta(\omega) = \frac{1}{j\omega} + \pi\delta(\omega)$$

よって，式 (3.126) が得られた。

つぎに，周波数領域における微分の性質を与える。

【性質 10】周波数微分

$$\mathcal{F}[tx(t)] = j\frac{\mathrm{d}X(\omega)}{\mathrm{d}\omega} \tag{3.127}$$

つぎに，LTI システムの時間領域での記述において重要な役割を果たすたたみ込み積分に関するフーリエ変換の性質を，以下にまとめよう。

> **【性質 11】たたみ込み積分**　二つの関数 $x(t), y(t)$ のたたみ込み積分のフーリエ変換は，それぞれの関数のフーリエ変換の積に等しい。すなわち
> $$\mathcal{F}\left[\int_{-\infty}^{\infty} x(\tau)y(t-\tau)\mathrm{d}\tau\right] = \mathcal{F}[x(t)]\mathcal{F}[y(t)] \tag{3.128}$$
> が成り立つ。

この性質は，次式より明らかである。

$$\begin{aligned}
\mathcal{F}&\left[\int_{-\infty}^{\infty} x(\tau)y(t-\tau)\mathrm{d}\tau\right] \\
&= \int_{-\infty}^{\infty}\int_{-\infty}^{\infty} x(\tau)y(t-\tau)\mathrm{d}\tau \cdot e^{-j\omega t}\mathrm{d}t \\
&= \int_{-\infty}^{\infty} x(\tau)e^{-j\omega\tau}\mathrm{d}\tau \int_{-\infty}^{\infty} y(t-\tau)e^{-j\omega(t-\tau)}\mathrm{d}t \\
&= X(\omega)Y(\omega)
\end{aligned}$$

時間領域ではたたみ込み積分によって LTI システムの入出力関係を与えたが，この性質によって，周波数領域ではフーリエ変換の乗算で LTI システムの入出力関係を与えられることが明らかになった。

式 (3.128) において，時間領域と周波数領域を変換することにより，つぎの関係を得る。

$$\begin{aligned}
\mathcal{F}[x(t)y(t)] &= \frac{1}{2\pi}\int_{-\infty}^{\infty} X(\eta)Y(\omega-\eta)\mathrm{d}\eta \\
&= \frac{1}{2\pi}[X(\omega) * Y(\omega)]
\end{aligned} \tag{3.129}$$

最後に，時間領域と周波数領域との間で橋渡しを行う重要な性質を，以下に与えよう。

> **【性質 12】パーセバルの定理** 二つの実関数 $x(t), y(t)$ のフーリエ変換をそれぞれ $X(\omega), Y(\omega)$ とすると
> $$\frac{1}{2\pi}\int_{-\infty}^{\infty}X(\omega)Y^*(\omega)\mathrm{d}\omega = \int_{-\infty}^{\infty}x(t)y(t)\mathrm{d}t \tag{3.130}$$
> が成り立つ。特に，$x(t) = y(t)$ の場合には，次式が成り立つ。
> $$\frac{1}{2\pi}\int_{-\infty}^{\infty}|X(\omega)|^2\mathrm{d}\omega = \int_{-\infty}^{\infty}x^2(t)\mathrm{d}t \tag{3.131}$$

この性質は次式より明らかである。

$$\begin{aligned}\frac{1}{2\pi}\int_{-\infty}^{\infty}X(\omega)Y^*(\omega)\mathrm{d}\omega &= \frac{1}{2\pi}\int_{-\infty}^{\infty}X(\omega)\int_{-\infty}^{\infty}y(t)e^{j\omega t}\mathrm{d}\omega\mathrm{d}t\\ &= \int_{-\infty}^{\infty}\left[\frac{1}{2\pi}\int_{-\infty}^{\infty}X(\omega)e^{j\omega t}\mathrm{d}\omega\right]y(t)\mathrm{d}t\\ &= \int_{-\infty}^{\infty}x(t)y(t)\mathrm{d}t\end{aligned}$$

【発展】ウェーブレット解析

フーリエ変換は，核関数として一定の周波数を持つ複素指数関数 $e^{-j\omega t}$ を用い，対象とする関数を構成する周波数の正弦波を抽出する「周波数領域における変換」であった。それに対して，1982 年にフランスの石油探索技師のモーレー（Morlet）により提案された**ウェーブレット解析**（wavelet analysis）は，時間的に局在する核関数を用い，時間・周波数成分を同時にとらえようとするものであり，**時間・周波数解析**（time-frequency analysis）の有効な道具として期待されている。ここで，ウェーブレットとは「さざなみ」という意味である。フーリエもモーレーもフランス人であるが，ウェーブレット変換を見出したモーレーが数学者ではなく工学者である点は興味深い。音声，異常診断，そして制御工学など，さまざまな分野において，ウェーブレット解析の応用研究が活発になされている。

3.5 本章のポイント

- 三角関数の計算に十分慣れること。
- フーリエ変換の計算ができるようになること。特に，テキストを目で追うだけでなく，自分の手を動かして実際に三角関数，複素数，そして積分の計算を行うこと。
- フーリエ級数とフーリエ変換の物理的意味と，両者の違いを理解すること。
- 基本的な関数のフーリエ級数，あるいはフーリエ変換の計算が行えるようになること。

最後に，代表的なフーリエ変換対とフーリエ変換の性質を，それぞれ**表 3.2**，**表 3.3** にまとめる。

表 3.2 代表的なフーリエ変換対

	信号の名称	$x(t)$	$X(\omega)$
(1)	単位インパルス関数	$\delta(t)$	1
(2)	時間軸推移した δ 関数	$\delta(t-d)$	$e^{-j\omega d}$
(3)	減衰指数関数	$e^{-\lambda t} u_s(t),\ \lambda > 0$	$\dfrac{1}{j\omega + \lambda}$
(4)	矩形関数	$x(t) = \begin{cases} 1, & \|t\| \leq T \\ 0, & \|t\| > T \end{cases}$	$\dfrac{2\sin \omega T}{\omega}$
(5)	sinc 関数	$\dfrac{W}{\pi}\mathrm{sinc}\left(\dfrac{Wt}{\pi}\right) = \dfrac{\sin Wt}{\pi t}$	$X(\omega) = \begin{cases} 1, & \|\omega\| \leq W \\ 0, & \|\omega\| > W \end{cases}$
(6)	単位ステップ信号	$u_s(t)$	$\dfrac{1}{j\omega} + \pi\delta(\omega)$
(7)	純虚数	$e^{j\omega_0 t}$	$2\pi\delta(\omega - \omega_0)$
(8)	正弦波 (1)	$\cos \omega_0 t$	$\pi\{\delta(\omega - \omega_0) + \delta(\omega + \omega_0)\}$
(9)	正弦波 (2)	$\sin \omega_0 t$	$\dfrac{\pi}{j}\{\delta(\omega - \omega_0) - \delta(\omega + \omega_0)\}$
(10)	インパルス列	$\displaystyle\sum_{n=-\infty}^{\infty} \delta(t-nT)$	$\dfrac{2\pi}{T}\displaystyle\sum_{k=-\infty}^{\infty} \delta\left(\omega - \dfrac{2\pi k}{T}\omega_0\right)$

3.5 本章のポイント

表 3.3 代表的なフーリエ変換の性質

	性 質	数 式
(1)	線形性	$\mathcal{F}[ax(t)+by(t)] = a\mathcal{F}[x(t)] + b\mathcal{F}[y(t)]$
(2)	共役対称性	$X(-\omega) = X^*(\omega)$
(3)	時間軸推移	$\mathcal{F}[x(t-\tau)] = e^{-j\omega\tau}\mathcal{F}[x(t)]$
(4)	周波数軸推移	$\mathcal{F}[e^{jat}x(t)] = X(\omega - a)$
(5)	時間軸スケーリング	$\mathcal{F}[x(at)] = \dfrac{1}{|a|}X\left(\dfrac{\omega}{a}\right)$
(6)	周波数軸スケーリング	$\mathcal{F}\left[\dfrac{1}{|a|}x\left(\dfrac{t}{a}\right)\right] = X(a\omega)$
(7)	双対性	$\mathcal{F}[X(t)] = 2\pi x(-\omega)$
(8)	時間微分 (1)	$\mathcal{F}\left[\dfrac{\mathrm{d}x(t)}{\mathrm{d}t}\right] = j\omega X(\omega)$
(8)'	時間微分 (2)	$\mathcal{F}\left[\dfrac{\mathrm{d}^n x(t)}{\mathrm{d}t^n}\right] = (j\omega)^n X(\omega)$
(9)	時間積分	$\mathcal{F}\left[\int_{-\infty}^{t} x(\tau)\mathrm{d}\tau\right] = \dfrac{1}{j\omega}X(\omega) + \pi X(0)\delta(\omega)$
(10)	周波数微分	$\mathcal{F}[tx(t)] = j\dfrac{\mathrm{d}X(\omega)}{\mathrm{d}\omega}$
(11)	たたみ込み積分	$\mathcal{F}\left[\int_{-\infty}^{\infty} x(\tau)y(t-\tau)\mathrm{d}\tau\right] = \mathcal{F}[x(t)]\mathcal{F}[y(t)]$
(12)	パーセバルの定理	$\dfrac{1}{2\pi}\int_{-\infty}^{\infty} X(\omega)Y^*(\omega)\mathrm{d}\omega = \int_{-\infty}^{\infty} x(t)y(t)\mathrm{d}t$

4 中間試験

1~3章で学んできたことを，本章の中間試験問題を解くことによってさらに深く理解しよう。

$\boxed{1}$ 以下の問に答えよ。

(1) つぎの複素数を指数関数の形式で極座標表現せよ。ただし，位相は $0 \leqq \theta < 2\pi$ の範囲を考える。

(a) $-j$ (b) $1+j$ (c) j (d) $1-j$

(2) つぎの信号の基本周期を求めよ。

(a) $\sin\dfrac{t}{3}$ (b) $\sin\dfrac{t}{4}$ (c) $\displaystyle\sum_{n=1}^{\infty} b_n \sin nt$

(3) $\sin t + \cos t$ を三角関数の合成定理を用いて $\cos$ だけの式に変形せよ。そして，この関数は偶関数であるか，奇関数であるか，その理由とともに述べよ。

(4) 周期 T（角周波数 ω_0）の周期関数 $f(t)$ のスペクトル（複素フーリエ係数）c_n の定義式を書け。

(5) スペクトルの一般的な定義を簡潔に述べよ。

(6) $f(t) = e^{-at} u_s(t)$ をフーリエ変換して $F(\omega)$ を求めよ。そして，その振幅スペクトルと位相スペクトルを計算せよ。

$\boxed{2}$ 図 4.1 に示す周期関数 $f(t)$ を

$$f(t) = \dfrac{a_0}{2} + \sum_{n=1}^{\infty}(a_n \cos n\omega_0 t + b_n \sin n\omega_0 t) \tag{4.1}$$

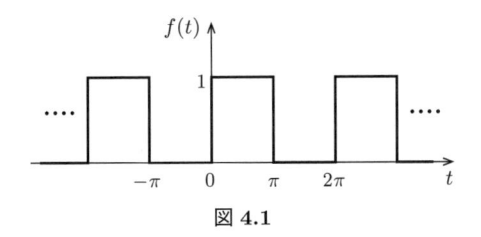

図 4.1

のようにフーリエ級数展開したとき，以下の問に答えよ．

(1) 最初の非零の 5 項までの展開式を書け．
(2) 式 (4.1) のように Σ を用いてできるだけ美しい形で書け．

3 図 4.2 に示す周期関数 $f(t)$ について以下の問に答えよ．

(1) $f(t)$ を

$$f(t) = \frac{a_0}{2} + \sum_{n=1}^{\infty} (a_n \cos n\omega_0 t + b_n \sin n\omega_0 t)$$

のようにフーリエ級数展開したとき，$\omega_0 =$ (a) ，$a_0 =$ (b) ，$a_n =$ (c) ，$b_n =$ (d) である．

(2) $t = 0$ のとき

$$\frac{a_0}{2} + \sum_{n=1}^{\infty} a_n \cos nt$$

の値は， (e) （数字で記入すること）となる．これより，無限級数の和の公式 (f) が導かれる．

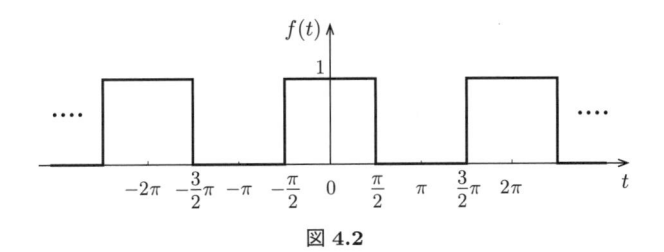

図 4.2

(3) $f(t)$ の複素フーリエ係数（スペクトル）を c_n とすると，$c_0 = \boxed{}$ (g)，$c_n = \boxed{}$ (h) $(n \neq 0)$ である。

(4) c_n のグラフを丁寧に描け。

$\boxed{4}$ 図 4.3 に示す周期関数 $f(t)$ について以下の問に答えよ。

(1) $f(t)$ を

$$f(t) = \frac{a_0}{2} + \sum_{n=1}^{\infty}(a_n \cos n\omega_0 t + b_n \sin n\omega_0 t)$$

のようにフーリエ級数展開したとき，$\omega_0 = \boxed{}$ (a)，$a_0 = \boxed{}$ (b)，$a_n = \boxed{}$ (c)，$b_n = \boxed{}$ (d) である。

(2) 最初の非零の 4 項までの展開式を書け。

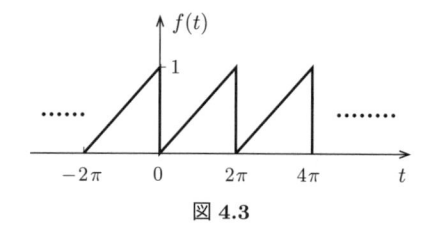

図 4.3

$\boxed{5}$ ある関数 $f(t)$ のフーリエ変換を $F(\omega)$ とする。$F(\omega)$ がつぎのように与えられたとき，その振幅スペクトルと位相スペクトルを求め，図示せよ。ただし，$-\infty < \omega < \infty$ とし，図面は横軸，縦軸ともに線形スケールで描け。

(1) $F(\omega) = \dfrac{1}{1 + j\omega}$

(2) $F(\omega) = \cos\omega + j\sin\omega$

$\boxed{6}$ 図 4.4 に示す周期関数 $f(t)$ を

$$f(t) = \frac{a_0}{2} + \sum_{n=1}^{\infty}(a_n \cos n\omega_0 t + b_n \sin n\omega_0 t)$$

のようにフーリエ級数展開したとき，以下の問に答えよ。

図 4.4

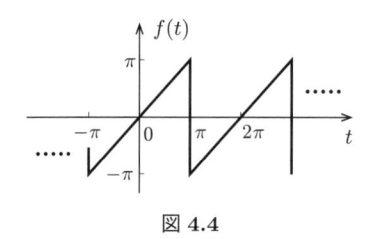

(1) フーリエ係数 a_0, a_n, b_n $(n = 1, 2, \cdots)$ を求めよ。
(2) (1) で求めた b_n $(n = 1, 2, \cdots)$ に対して，つぎの値を計算せよ。

$$\sum_{n=1}^{\infty} b_n \sin \frac{\pi}{2} n$$

(3) (2) の結果より，無限級数の和の公式を導け。

7 図 4.5 に示す関数 $f(t)$ について以下の問に答えよ。

(1) $f(t)$ をフーリエ変換して $F(\omega)$ を求めよ。
(2) 振幅スペクトル $|F(\omega)|$ を計算せよ。
(3) 位相スペクトル $\angle F(\omega)$ を計算せよ。
(4) 振幅スペクトルを図示せよ。

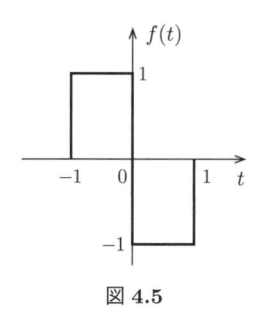

図 4.5

8 以下の問に答えよ。

(1) $\sin x$ を e^{jx} と e^{-jx} を用いて表せ。
(2) 関数 $f(t)$ をフーリエ変換して $F(\omega)$ を求める公式を書け。

(3) 図 **4.6** に示す $f(t)$ をフーリエ変換して $F(\omega)$ を求めよ。

(4) (3) で求めた $F(\omega)$ の概形を図示せよ。

(5) つぎの式を計算せよ。

$$\lim_{\Delta \to 0} F(\omega)$$

(6) (5) で得られた結果について考察せよ。

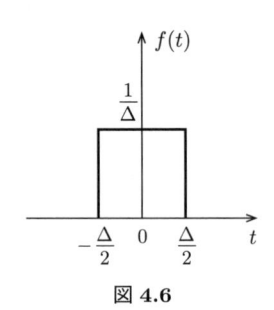

図 **4.6**

5 ラプラス変換

　本章で述べるラプラス変換は，電気回路やシステム制御工学などの過渡現象を扱う分野において最も重要な数学的道具の一つである．ラプラス変換は，3章で述べたフーリエ変換と同じ形式の変換法であるので，フーリエ変換を詳しく学習した後にラプラス変換を学べば，短い時間で理解できるだろう．また，本章ではラプラス変換を用いた微分方程式の解法も紹介する．

5.1　ラプラス変換と逆ラプラス変換

　本章では負の時間で値 0 をとる因果信号，すなわち

$$x(t) = 0, \quad t < 0 \tag{5.1}$$

を考える．
　まず，ラプラス変換の定義を与えよう．

> **【ポイント 5.1】ラプラス変換**　因果信号 $x(t)$ のラプラス変換 (Laplace transform) は
>
> $$X(s) = \mathcal{L}[x(t)] = \int_0^\infty x(t)e^{-st} \mathrm{d}t \tag{5.2}$$
>
> で与えられる．ただし，$\mathcal{L}[\,\cdot\,]$ はラプラス変換を表し，$s\ (= \sigma + j\omega)$ は複素数である．

　式 (5.2) 右辺の積分範囲は 0 から ∞ であるので，式 (5.2) は片側ラプラス変

換と呼ばれることもある。

$s = \sigma + j\omega$ により定義される複素平面を **s 平面** (s plane) と呼ぶ (**図 5.1**)。式 (5.2) より，ラプラス変換は時間領域の信号 $x(t)$ を **s 領域** (s domain)（あるいはラプラス領域とも呼ばれる）$X(s)$ に変換するものである[†1]。

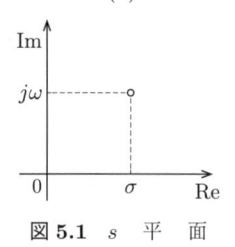

図 5.1 s 平面

さて，信号 $x(t)$ のラプラス変換が存在するためには，式 (5.2) 右辺の積分が収束しなければならない。そのためには信号 $x(t)$ に対して

$$|x(t)| \leqq Me^{\alpha t} \tag{5.3}$$

を満足する定数 M, α が存在しなければならない。式 (5.3) の条件は，$x(t)$ がある指数関数 $e^{\alpha t}$ よりも t が増加するに従って，急速に増大しないことを意味している。式 (5.3) の条件を満たすとき，$x(t)$ は指数オーダの関数であるといわれる[†2]。通常，われわれが電気回路や制御システムなどで取り扱う信号に対しては，ラプラス変換が存在すると考えてよい。

また，**逆ラプラス変換** (inverse Laplace transform) は，つぎのように定義される。

【ポイント 5.2】逆ラプラス変換　$X(s)$ の逆ラプラス変換は

$$x(t) = \mathcal{L}^{-1}[X(s)] = \frac{1}{2\pi j} \int_{c-j\infty}^{c+j\infty} X(s) e^{st} ds, \quad t \geqq 0 \tag{5.4}$$

で与えられる。ただし，c は実定数である。

[†1] フーリエ変換の場合と同様に，時間関数は $x(t)$ のように小文字で表し，ラプラス変換されたものは $X(s)$ のように大文字で表す。

[†2] $x(t)$ が $\sin \omega t, \cos \omega t, e^{at}, t^n$ のような指数オーダの関数のときにはラプラス変換が存在するが，$e^{t^2}, \tan \omega t$ のようなときには存在しない。

ポイント 5.2 で与えた定義を用いて逆ラプラス変換を行うことはほとんどなく,通常,後述するようにラプラス変換表を利用して逆変換を計算する.

5.2 基本的な連続時間信号のラプラス変換

本節では,1 章で与えた基本的な信号のラプラス変換を計算する.

(1) 単位インパルス信号 式 (1.26) で与えた単位インパルス信号 $\delta(t)$ のラプラス変換は

$$\mathcal{L}[\delta(t)] = \int_0^\infty \delta(t) e^{-st} \mathrm{d}t = e^0 = 1 \tag{5.5}$$

となる.ここで,単位インパルス信号の性質 3 を利用した.式 (5.5) から明らかなように,フーリエ変換の場合と同様に,$\delta(t)$ のラプラス変換は s 領域で単位元の役割をする.

(2) 単位ステップ信号 式 (1.24) で与えた単位ステップ信号 $u_s(t)$ のラプラス変換は

$$\mathcal{L}[u_s(t)] = \int_0^\infty u_s(t) e^{-st} \mathrm{d}t = \int_0^\infty e^{-st} \mathrm{d}t = \frac{1}{s} \tag{5.6}$$

となる.

(3) 単位ランプ信号 図 **5.2** に示すように,$t \geqq 0$ の領域で傾きが 1 の 1 次関数,すなわち

$$r(t) = tu_s(t) = \begin{cases} t, & t \geqq 0 \\ 0, & t < 0 \end{cases} \tag{5.7}$$

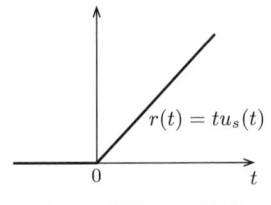

図 **5.2** 単位ランプ信号

を単位ランプ信号という。この単位ランプ信号のラプラス変換は，部分積分†を利用することにより，つぎのように計算できる。

$$\mathcal{L}[r(t)] = \int_0^\infty t e^{-st} \mathrm{d}t = \left[-\frac{te^{-st}}{s}\right]_0^\infty + \frac{1}{s}\int_0^\infty e^{-st}\mathrm{d}t = \frac{1}{s^2} \quad (5.8)$$

（4）片側指数信号　　図 5.3 に示す片側指数信号 $e^{-at}u_s(t), a>0$ のラプラス変換は，次式で与えられる。

$$\mathcal{L}[e^{-at}u_s(t)] = \int_0^\infty e^{-at}e^{-st}\mathrm{d}t = \int_0^\infty e^{-(s+a)t}\mathrm{d}t = \frac{1}{s+a} \quad (5.9)$$

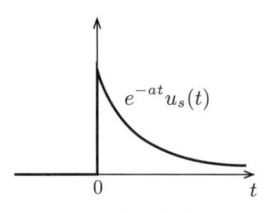

図 5.3　片側指数信号

（5）片側正弦波信号　　オイラーの関係式より，正弦波信号は

$$\sin\omega t = \frac{1}{2j}(e^{j\omega t} - e^{-j\omega t}) \quad (5.10)$$

と書くことができる。よって，図 5.4 に示す片側正弦波信号 $\sin\omega t\, u_s(t)$ のラプラス変換は，つぎのように計算できる。

$$\mathcal{L}[\sin\omega t\, u_s(t)] = \frac{1}{2j}\int_0^\infty (e^{j\omega t} - e^{-j\omega t})e^{-st}\mathrm{d}t$$

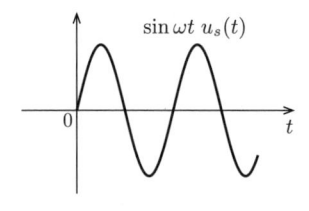

図 5.4　片側正弦波信号

---

† 部分積分の公式は，ポイント 3.11 を参照。

$$= \frac{1}{2j}\left(\frac{1}{s-j\omega} - \frac{1}{s+j\omega}\right)$$
$$= \frac{\omega}{s^2+\omega^2} \tag{5.11}$$

同様にして

$$\mathcal{L}[\cos\omega t\, u_s(t)] = \frac{s}{s^2+\omega^2} \tag{5.12}$$

が得られる。

以上で与えた六つの基本的な連続時間信号 $\delta(t)$, $u_s(t)$, $r(t)$, $e^{-at}u_s(t)$, $\sin\omega t\, u_s(t)$, $\cos\omega t\, u_s(t)$ のラプラス変換は非常に重要であり，ぜひ記憶しておくべきである。

例題 5.1 $\mathcal{L}[\sin\omega t\, u_s(t)]$ をラプラス変換の定義より計算せよ。

【解答】 部分積分を用いると，次式が得られる。

$$\begin{aligned}\mathcal{L}[\sin\omega t\, u_s(t)] &= \int_0^\infty \sin\omega t\, e^{-st} \mathrm{d}t \\ &= \left[-\frac{e^{-st}}{\omega}\cos\omega t\right]_0^\infty - \frac{s}{\omega}\int_0^\infty e^{-st}\cos\omega t\, \mathrm{d}t \\ &= \frac{1}{\omega} - \frac{s}{\omega}\int_0^\infty e^{-st}\cos\omega t\, \mathrm{d}t\end{aligned}$$

上式右辺にもう一度部分積分を適用すると

$$\begin{aligned}\int_0^\infty e^{-st}\cos\omega t\, \mathrm{d}t &= \left[\frac{1}{\omega}e^{-st}\sin\omega t\right]_0^\infty + \frac{s}{\omega}\int_0^\infty e^{-st}\sin\omega t\, \mathrm{d}t \\ &= \frac{s}{\omega}\mathcal{L}[\sin\omega t\, u_s(t)]\end{aligned}$$

が得られる。これより

$$\mathcal{L}[\sin\omega t\, u_s(t)] = \frac{1}{\omega} - \frac{s^2}{\omega^2}\mathcal{L}[\sin\omega t\, u_s(t)]$$

となり，よって次式が得られる。

$$\mathcal{L}[\sin\omega t\, u_s(t)] = \frac{\dfrac{1}{\omega}}{1+\dfrac{s^2}{\omega^2}} = \frac{\omega}{s^2+\omega^2}$$

例題 5.2 つぎのラプラス変換を計算せよ。

(1) $\mathcal{L}[\sinh \omega t \, u_s(t)]$ (2) $\mathcal{L}[\cosh \omega t \, u_s(t)]$

【解答】
(1) $\sinh \omega t$ は次式のように書くことができる。

$$\sinh \omega t = \frac{1}{2}(e^{\omega t} - e^{-\omega t})$$

よって

$$\mathcal{L}[\sinh \omega t \, u_s(t)] = \mathcal{L}\left[\frac{1}{2}(e^{\omega t} - e^{-\omega t})\right] = \frac{1}{2}\left(\frac{1}{s-\omega} - \frac{1}{s+\omega}\right)$$
$$= \frac{\omega}{s^2 - \omega^2}$$

となる。

(2) $\cosh \omega t$ は

$$\cosh \omega t = \frac{1}{2}(e^{\omega t} + e^{-\omega t})$$

と書けるので,次式が得られる。

$$\mathcal{L}[\cosh \omega t \, u_s(t)] = \mathcal{L}\left[\frac{1}{2}(e^{\omega t} + e^{-\omega t})\right] = \frac{1}{2}\left(\frac{1}{s-\omega} + \frac{1}{s+\omega}\right)$$
$$= \frac{s}{s^2 - \omega^2}$$

例題 5.3 図 5.5 に示す三角パルス信号 $x(t)$ をラプラス変換せよ。

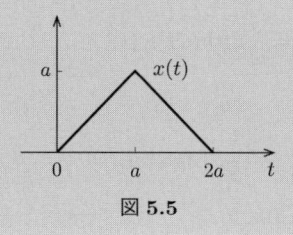

図 5.5

【解答】 三角パルス信号 $x(t)$ は,図 5.6 に示すように三つの信号に分解できる。すなわち

$$x(t) = ① + ② + ③ = t u_s(t) - 2(t-a) u_s(t-a) + (t-2a) u_s(t-2a)$$

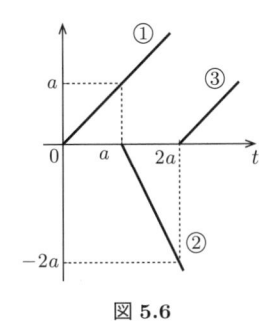

5.2 基本的な連続時間信号のラプラス変換

図 5.6

となる。よって，この信号のラプラス変換は，次式のように計算できる。

$$X(s) = \mathcal{L}[x(t)] = \frac{1}{s^2} - \frac{2}{s^2}e^{-as} + \frac{1}{s^2}e^{-2as} = \frac{(1-e^{-as})^2}{s^2}$$

例題 5.4 図 5.7 に示す信号 $f(t)$ をラプラス変換せよ。

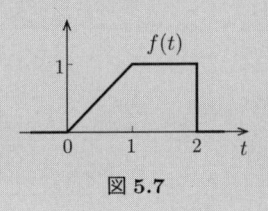

図 5.7

【解答】 図 5.8 に示すように，この信号はつぎのように記述できる。

$$f(t) = ① + ② + ③ = tu_s(t) - (t-1)u_s(t-1) - u_s(t-2)$$

よって，この信号のラプラス変換はつぎのようになる。

$$F(s) = \mathcal{L}[f(t)] = \frac{1}{s^2} - \frac{1}{s^2}e^{-s} - \frac{1}{s}e^{-2s} = \frac{1-e^{-s}-se^{-2s}}{s^2}$$

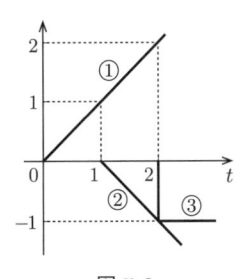

図 5.8

例題 5.5　図 5.9 に示す信号 $f(t)$ をラプラス変換せよ。

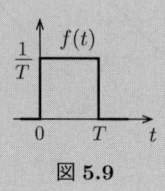

図 5.9

【解答】　この信号は

$$f(t) = \frac{1}{T}[u_s(t) - u_s(t-T)]$$

と記述できるので，このラプラス変換はつぎのようになる。

$$F(s) = \mathcal{L}[f(t)] = \frac{1 - e^{-Ts}}{Ts}$$

高度な内容になるが，これはディジタル制御における零次ホールダの伝達関数として知られている。

例題 5.6　図 5.10 に示す信号 $g(t)$ をラプラス変換せよ。

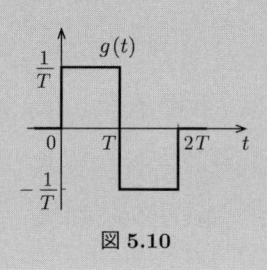

図 5.10

【解答】　この信号はつぎのように記述できる。

$$g(t) = \frac{1}{T}\left(u_s(t) - 2u_s(t-T) + u_s(t-2T)\right)$$

よって，この信号のラプラス変換はつぎのようになる。

$$G(s) = \mathcal{L}[g(t)] = \frac{1}{Ts}\left(1 - 2e^{-Ts} + e^{-2Ts}\right)$$
$$= \frac{(1-e^{-Ts})^2}{Ts}$$

5.2 基本的な連続時間信号のラプラス変換　121

例題 5.7 図 5.11 に示す信号，すなわち

$$f(t) = \begin{cases} \sin t, & 0 \leq t \leq \pi \\ 0, & その他 \end{cases}$$

をラプラス変換せよ。

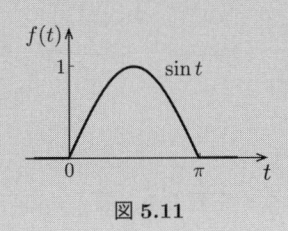

図 5.11

【解答】 この信号はつぎのように記述できる。

$$f(t) = \sin t \, u_s(t) + \sin(t - \pi) \, u_s(t - \pi)$$

よって，この信号のラプラス変換はつぎのようになる。

$$F(s) = \mathcal{L}[f(t)] = \frac{1}{s^2 + 1} + \frac{e^{-\pi s}}{s^2 + 1} = \frac{1 + e^{-\pi s}}{s^2 + 1}$$

例題 5.8 図 5.12 に示す信号をラプラス変換せよ。

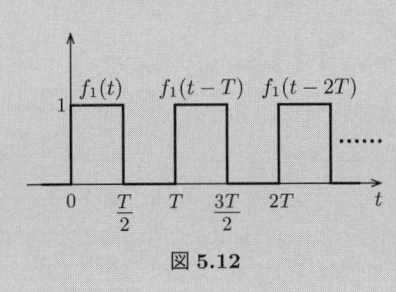

図 5.12

【解答】 この信号は

$$f(t) = f_1(t) + f_1(t - T)u_s(t - T) + f_1(t - 2T)u_s(t - 2T) + \cdots$$

と記述できるので，ラプラス変換はつぎのようになる。

$$F(s) = \mathcal{L}[f(t)] = \left(1 + e^{-Ts} + e^{-2Ts} + \cdots \right)\mathcal{L}[f_1(t)]$$
$$= \frac{1}{1-e^{-Ts}}\mathcal{L}[f_1(t)]$$

ここで

$$\mathcal{L}[f_1(t)] = \frac{1}{s}\left(1 - e^{-\frac{T}{2}s}\right)$$

なので，次式が得られる．

$$F(s) = \frac{1}{s}\frac{1-e^{-\frac{T}{2}s}}{1-e^{-Ts}}$$

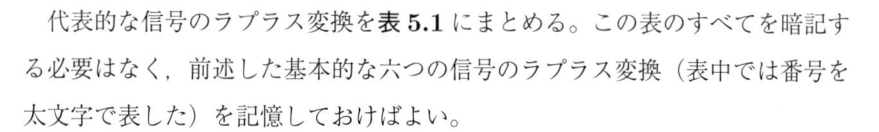

◇

代表的な信号のラプラス変換を表 **5.1** にまとめる．この表のすべてを暗記する必要はなく，前述した基本的な六つの信号のラプラス変換（表中では番号を太文字で表した）を記憶しておけばよい．

表 **5.1** 代表的なラプラス変換

	信号の名称	$x(t)$	$X(s)$
(1)	単位インパルス信号	$\delta(t)$	1
(2)	単位ステップ信号	$u_s(t)$	$\dfrac{1}{s}$
(3)	単位ランプ信号	$r(t) = tu_s(t)$	$\dfrac{1}{s^2}$
(4)	片側指数信号	$e^{-at}u_s(t)$	$\dfrac{1}{s+a}$
(5)	片側正弦波信号 (1)	$\sin\omega t\, u_s(t)$	$\dfrac{\omega}{s^2+\omega^2}$
(6)	片側正弦波信号 (2)	$\cos\omega t\, u_s(t)$	$\dfrac{s}{s^2+\omega^2}$
(7)	べき乗信号	$\dfrac{t^{n-1}}{(n-1)!}u_s(t),\ n=1,2,\cdots$	$\dfrac{1}{s^n}$
(8)		$te^{-at}u_s(t)$	$\dfrac{1}{(s+a)^2}$
(9)		$\dfrac{t^{n-1}}{(n-1)!}e^{-at}u_s(t)$	$\dfrac{1}{(s+a)^n}$
(10)	減衰正弦波信号 (1)	$e^{-at}\cos\omega t\, u_s(t)$	$\dfrac{s+a}{(s+a)^2+\omega^2}$
(11)	減衰正弦波信号 (2)	$e^{-at}\sin\omega t\, u_s(t)$	$\dfrac{\omega}{(s+a)^2+\omega^2}$

5.3 ラプラス変換とフーリエ変換

式 (5.2) で定義したラプラス変換と，式 (3.81) で定義したフーリエ変換を見比べると，両者が非常に似ていることに気づくだろう。そこで，本節ではこれらの関係を調べてみよう。

まず，フーリエ変換が存在するためには，信号 $x(t)$ が式 (3.80) の絶対可積分の条件を満たす必要があった。言い換えると

$$\lim_{t \to \pm\infty} x(t) = 0 \tag{5.13}$$

が成り立たなくてはならない。この条件は，式 (5.3) で与えたラプラス変換が存在するための条件より厳しく，例えば正弦波や単位ステップ信号など，持続的に有限な値を持つ信号はこの条件を満足しない。

フーリエ変換は，式 (3.81) より s 平面の虚軸（周波数軸，$j\omega$ 軸とも呼ばれる）上におけるラプラス変換とみなせる。すなわち，$s = \sigma + j\omega$ を式 (5.2) に代入すると

$$\int_0^\infty \{x(t)e^{-\sigma t}\} \cdot e^{-j\omega t} dt \tag{5.14}$$

コーヒーブレイク

ラプラス（1749～1827）

　彼はフランスのノルマンジーの貧しい農家に生まれたが，豊かな才能を認められ，エコール・ポリテクニーク大学の教授になる。ラプラスとフーリエは，ほぼ同じ時代に同じ大学に所属していた（p.67 のコーヒーブレイク参照）。ナポレオンの時代には政治にも参与し，大臣も務めているが，ナポレオン失脚後はルイ 18 世のもとへ鞍替えし，政治的には節操がなかった。そのため，社会的名誉とは裏腹に，寂しい晩年であったようだ。とはいえ，彼は解析学の方法を天体力学，ポテンシャル論，確率論などに応用し，華々しい成果をあげた。

となる†。これより,ラプラス変換では,信号 $x(t)$ に収束因子 $e^{-\sigma t}$ を乗じることによってフーリエ変換の絶対可積分の条件を緩和していると考えられる。

したがって,ラプラス変換は,より広いクラスの信号に対してフーリエ変換を可能とした,拡張された概念である。また,フーリエ変換は,定常状態におけるシステムの周波数特性を記述する方法として有用であるが,制御工学や電気回路では,定常状態だけでなく過渡状態におけるシステムの振る舞いも重要である。過渡特性を考慮できるラプラス変換は,そのような意味から制御工学などでは必要不可欠なツールになっている。

フーリエ変換では変換域が周波数 ω という物理的に明確な意味があったが,ラプラス変換の変換域 s にはもはや明確な物理的な意味はないことに注意する。

5.4 ラプラス変換の性質

前節で述べたように,ラプラス変換はフーリエ変換の拡張とみなせるため,ラプラス変換の性質にはフーリエ変換と類似のものが多い。ここではラプラス変換の性質について簡単に見ていこう。

まず,ラプラス変換の定義より,つぎの性質が成り立つ。

【性質 1】線形性　a, b を実定数とすると,次式が成り立つ。

$$\mathcal{L}[ax(t) + by(t)] = a\mathcal{L}[x(t)] + b\mathcal{L}[y(t)] \tag{5.15}$$

つぎに,時間領域および s 領域における推移の性質を示す。

【性質 2】時間軸推移

$$\mathcal{L}[x(t-\tau)] = e^{-\tau s}\mathcal{L}[x(t)] \tag{5.16}$$

---

† ここでは因果信号しか扱っていないため,積分区間を $-\infty$ からでなく,0 からにしている。

5.4 ラプラス変換の性質

【性質3】 s 領域推移

$$\mathcal{L}[e^{-at}x(t)] = X(s+a) \tag{5.17}$$

フーリエ変換の性質3と同様に，ラプラス変換の時間軸推移は，時間領域において時間 τ だけ遅れることは，s 領域では $e^{-\tau s}$ を乗じることに対応することを意味している．

例題 5.9 図 5.13 に示す信号 $x(t)$ のラプラス変換を計算せよ．

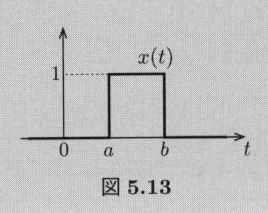

図 5.13

【解答】 信号 $x(t)$ は次式のように表現できる．

$$x(t) = u_s(t-a) - u_s(t-b)$$

したがって，時間軸推移の性質を利用することにより，次式が得られる．

$$\mathcal{L}[x(t)] = \mathcal{L}[u_s(t-a) - u_s(t-b)] = \frac{1}{s}\left(e^{-as} - e^{-bs}\right)$$

◇

つぎに，時間軸スケーリング，時間微分・積分に関する性質を与えよう．

【性質4】 時間軸スケーリング

$$\mathcal{L}[x(at)] = \frac{1}{a}X\left(\frac{s}{a}\right) \tag{5.18}$$

ただし，a は正の定数である．

【性質5】 時間微分 $x(t)$ が微分可能であれば，次式が成り立つ．

$$\mathcal{L}\left[\frac{\mathrm{d}x(t)}{\mathrm{d}t}\right] = sX(s) - x(0) \tag{5.19}$$

> **【性質 6】時間積分**
>
> $$\mathcal{L}\left[\int_0^t x(\tau)\mathrm{d}\tau\right] = \frac{1}{s}X(s) \tag{5.20}$$

ラプラス変換の定義式 (5.2) に部分積分を適用すると

$$\begin{aligned}
X(s) &= \int_0^\infty x(t)e^{-st}\mathrm{d}t = \left[x(t)\frac{s^{-st}}{-s}\right] - \int_0^\infty \left[\frac{\mathrm{d}x(t)}{\mathrm{d}t}\right]\frac{e^{-st}}{-s}\mathrm{d}t \\
&= \frac{x(0)}{s} + \frac{1}{s}\mathcal{L}\left[\frac{\mathrm{d}x(t)}{\mathrm{d}t}\right]
\end{aligned} \tag{5.21}$$

となり，これより性質 5 が得られる。

同様にして，n 階微分のラプラス変換は次式で与えられる。

$$\begin{aligned}
\mathcal{L}\left[\frac{\mathrm{d}^n x(t)}{\mathrm{d}t^n}\right] = s^n X(s) &- s^{n-1}x(0) - s^{n-2}x^{(1)}(0) \\
&- \cdots - sx^{(n-2)}(0) - x^{(n-1)}(0)
\end{aligned} \tag{5.22}$$

ただし，$x^{(i)}$ は i 階微分を表す。ここで，すべての初期値を 0 とおくと，時間領域における n 階微分は s 領域では単に s^n を乗じるという代数演算に置き換わることに注意する。

性質 6 を拡張すると，n 階積分のラプラス変換は次式で与えられる。

$$\mathcal{L}\left[\int_0^\infty \int_0^\infty \cdots \int_0^\infty x(t)\,\mathrm{d}t\,\mathrm{d}t \cdots \mathrm{d}t\right] = \frac{1}{s^n}X(s) \tag{5.23}$$

このように，時間積分は s 領域では s で割ることに対応する。以上より，時間領域における微積分は，s 領域では代数演算である乗除算に対応する。

> **【ポイント 5.3】微分・積分は s 領域では代数演算**
>
> | 時間領域 | s 領域 |
> |:---:|:---:|
> | 微分 | 乗算（$\times s$） |
> | 積分 | 除算（$\div s$） |

つぎに，式 (5.2) の両辺を s で微分することより，つぎの性質が得られる。

【性質 7】 s 領域での微分

$$\mathcal{L}[-tx(t)] = \frac{\mathrm{d}}{\mathrm{d}s}X(s) \tag{5.24}$$

さらに，フーリエ変換の性質 11 と同様に，たたみ込み積分に関するつぎの性質が成り立つ．

【性質 8】 たたみ込み積分　二つの信号 $x(t)$, $y(t)$ のたたみ込み積分のラプラス変換は，それぞれの信号のラプラス変換の積に等しい．

$$\mathcal{L}\left[\int_0^\infty x(\tau)y(t-\tau)\mathrm{d}\tau\right] = \mathcal{L}[x(t)]\mathcal{L}[y(t)] \tag{5.25}$$

時間領域におけるたたみ込み積分は，s 領域においては単に乗算となる点が重要である．

つぎに，フーリエ変換にはなかったラプラス変換の性質を二つ挙げる．

【性質 9】 最終値の定理（final value theorem）

$$\lim_{t\to\infty} x(t) = \lim_{s\to 0} sX(s) \tag{5.26}$$

【性質 10】 初期値の定理（initial value theorem）

$$x(0+) = \lim_{s\to\infty} sX(s) \tag{5.27}$$

性質 9 と性質 10 の**最終値の定理**と**初期値の定理**は，制御システムの解析において有用になる．まず，最終値の定理は，時間信号 $x(t)$ の $t \to \infty$ における定常値が，$sX(s)$ の $s \to 0$ における値と関連していることを示している．このとき，$x(t)$ は $t>0$ で微分可能であり，かつ $x'(t)$ のラプラス変換が $s \to 0$ で存在しなければ，この定理は成り立たない．初期値の定理は，最終値の定理と対になるものである．このとき，$x(t)$ と $x'(t)$ はともにラプラス変換可能で

なければならない。

> **例題 5.10** $x(t)$ のラプラス変換が次式で与えられている。
> $$X(s) = \mathcal{L}[x(t)] = \frac{1}{s(s+1)(s+2)}$$
> このとき，$\displaystyle\lim_{t\to\infty} x(t)$ を求めよ。

【解答】 最終値の定理より

$$\lim_{t\to\infty} x(t) = \lim_{s\to 0} sX(s) = \lim_{s\to 0} \frac{1}{(s+1)(s+2)} = 0.5$$

◇

以上で説明したラプラス変換の性質を表 5.2 にまとめる。ただし，$X(s) = \mathcal{L}[x(t)]$ とした。表 5.1 の (1) から (6) のラプラス変換対と，本節で与えたラプラス変換の性質を利用することにより，表 5.1 の (7) から (11) の信号のラプラス変換は容易に導出できる。例えば，(8) の $\mathcal{L}[te^{-at}\cdot u_s(t)]$ は，$\mathcal{L}[tu_s(t)] = 1/s^2$ と性質 3 の s 領域推移より計算できる。また，(10), (11) も同様に性質 3 を利用すれば導かれる。

表 5.2 ラプラス変換の性質

	性 質	数 式
(1)	線形性	$\mathcal{L}[ax(t) + by(t)] = a\mathcal{L}[x(t)] + b\mathcal{L}[y(t)]$
(2)	時間軸推移	$\mathcal{L}[x(t-\tau)] = e^{-\tau s}X(s),\ \tau > 0$
(3)	s 領域推移	$\mathcal{L}[e^{-at}x(t)] = X(s+a)$
(4)	時間軸スケーリング	$\mathcal{L}[x(at)] = \dfrac{1}{a}X\left(\dfrac{s}{a}\right),\ a > 0$
(5)	時間微分	$\mathcal{L}\left[\dfrac{\mathrm{d}}{\mathrm{d}t}x(t)\right] = sX(s) - x(0)$
(6)	時間積分	$\mathcal{L}\left[\displaystyle\int_0^t x(\tau)\mathrm{d}\tau\right] = \dfrac{1}{s}X(s)$
(7)	s 領域での微分	$\mathcal{L}[-tx(t)] = \dfrac{\mathrm{d}}{\mathrm{d}s}X(s)$
(8)	たたみ込み積分	$\mathcal{L}\left[\displaystyle\int_0^\infty x(\tau)y(t-\tau)\mathrm{d}\tau\right] = \mathcal{L}[x(t)]\mathcal{L}[y(t)]$
(9)	最終値の定理	$\displaystyle\lim_{t\to\infty} x(t) = \lim_{s\to 0} sX(s)$
(10)	初期値の定理	$x(0+) = \displaystyle\lim_{s\to\infty} sX(s)$

5.4 ラプラス変換の性質

例題 5.11 つぎの信号のラプラス変換を計算せよ。ただし, $F(s) = \mathcal{L}[f(t)]$ とする。

(1) $e^{-at} \sin \omega t \, u_s(t)$ (2) $f(t) \sin \omega t \, u_s(t)$

(3) $t \sin \omega t \, u_s(t)$ (4) $te^{-t} u_s(t)$

【解答】

(1) $\mathcal{L}[\sin \omega t \, u_s(t)] = \omega/(s^2 + \omega^2)$ なので, s 領域推移の性質より

$$\mathcal{L}[e^{-at} \sin \omega t \, u_s(t)] = \frac{\omega}{(s+a)^2 + \omega^2}$$

(2) $\sin \omega t = (e^{j\omega t} - e^{-j\omega t})/(2j)$ なので

$$\mathcal{L}[f(t) \sin \omega t \, u_s(t)] = \frac{1}{2j} \mathcal{L}\left[e^{j\omega t} f(t) - e^{-j\omega t} f(t)\right]$$
$$= \frac{1}{2j}\left[F(s - j\omega) - F(s + j\omega)\right]$$

(3) (2) において, $f(t) = tu_s(t)$ とおくと, $F(s) = \mathcal{L}[tu_s(t)] = 1/s^2$ なので

$$\mathcal{L}[t \sin \omega t \, u_s(t)] = \frac{1}{2j}\left[\frac{1}{(s-j\omega)^2} - \frac{1}{(s+j\omega)^2}\right] = \frac{2\omega s}{(s^2 + \omega^2)^2}$$

(4) $\mathcal{L}[tu_s(t)] = 1/s^2$ なので

$$\mathcal{L}[te^{-t} u_s(t)] = \frac{1}{(s+1)^2}$$

例題 5.12 つぎの信号のラプラス変換を計算せよ。ただし, $F(s) = \mathcal{L}[f(t)]$ とする。

(1) $e^{-at} \cos \omega t \, u_s(t)$ (2) $f(t) \cos \omega t \, u_s(t)$ (3) $t \cos \omega t \, u_s(t)$

【解答】

(1) $\mathcal{L}[\cos \omega t \, u_s(t)] = s/(s^2 + \omega^2)$ なので, s 領域推移の性質より

$$\mathcal{L}[e^{-at} \cos \omega t \, u_s(t)] = \frac{s+a}{(s+a)^2 + \omega^2}$$

(2) $\cos \omega t = (e^{j\omega t} + e^{-j\omega t})/2$ なので

$$\mathcal{L}[f(t) \cos \omega t \, u_s(t)] = \frac{1}{2}\mathcal{L}\left[e^{j\omega t} f(t) + e^{-j\omega t} f(t)\right]$$

$$= \frac{1}{2}[F(s-j\omega) + F(s+j\omega)]$$

(3) (2) において，$f(t) = tu_s(t)$ とおくと，$F(s) = 1/s^2$ なので

$$\mathcal{L}[t\cos\omega t\, u_s(t)] = \frac{1}{2}\left[\frac{1}{(s-j\omega)^2} + \frac{1}{(s+j\omega)^2}\right] = \frac{s^2 - \omega^2}{(s^2+\omega^2)^2}$$

5.5 部分分数展開を用いた逆ラプラス変換の計算

本節では，部分分数展開を用いた逆ラプラス変換の計算法を紹介する。$X(s)$ を s の有理関数[†]とし，次式のようにおく。

$$X(s) = K\frac{(s+z_1)(s+z_2)\cdots(s+z_m)}{(s+p_1)(s+p_2)\cdots(s+p_n)}, \quad n > m \tag{5.28}$$

ここで，$\{p_i\}$ と $\{z_i\}$ は実数または複素数である。このとき，有理関数 $X(s)$ の極と零点をつぎのように定義する。

【ポイント 5.4】極と零点　有理関数 $X(s)$ に対して，（分母多項式）$= 0$ の根を**極**（pole）といい，（分子多項式）$= 0$ の根を**零点**（zero）という。

まず，$\{p_i\}$ がすべて相異なる値をとるとき，次式のように展開できる。

$$X(s) = \frac{a_1}{s+p_1} + \frac{a_2}{s+p_2} + \cdots + \frac{a_n}{s+p_n} \tag{5.29}$$

これを**部分分数展開**（partial fraction expansion）という。ここで，$\{a_i\}$ は $-p_i$ における**留数**（residue）と呼ばれ，次式より計算できる。

$$a_i = \lim_{s\to -p_i}(s+p_i)X(s) \tag{5.30}$$

$X(s)$ が式 (5.29) のように部分分数展開されれば，その逆ラプラス変換は表 5.1 の (4) より，次式のようになる。

$$x(t) = \mathcal{L}^{-1}[X(s)]$$

[†] 多項式の比の形で表現された関数のこと。

5.5 部分分数展開を用いた逆ラプラス変換の計算

$$= \left(a_1 e^{-p_1 t} + a_2 e^{-p_2 t} + \cdots + a_n e^{-p_n t}\right) u_s(t) \tag{5.31}$$

例題 5.13 $x(t)$ のラプラス変換が

$$X(s) = \frac{1}{(s+1)(s+2)}$$

のとき，$x(t) = \mathcal{L}^{-1}[X(s)]$ を求めよ．

【解答】 $X(s)$ を部分分数展開すると

$$X(s) = \frac{a_1}{s+1} + \frac{a_2}{s+2} \tag{5.32}$$

となる．まず，式 (5.32) を $(s+1)$ 倍すると

$$(s+1)X(s) = a_1 + a_2 \frac{s+1}{s+2}$$

が得られる．ここで，$s = -1$ とおくと

$$a_1 = (s+1)X(s)|_{s=-1} = \left.\frac{1}{s+2}\right|_{s=-1} = 1$$

より，a_1 が計算できる．同様にして

$$a_2 = (s+2)X(s)|_{s=-2} = \left.\frac{1}{s+1}\right|_{s=-2} = -1$$

が計算できる．よって

$$x(t) = \mathcal{L}^{-1}\left[\frac{1}{s+1}\right] - \mathcal{L}^{-1}\left[\frac{1}{s+2}\right] = (e^{-t} - e^{-2t})u_s(t)$$

となる． ◇

以上では，すべて相異なる極の場合を取り扱ったが，例えば

$$X(s) = \frac{s+3}{(s+1)(s+2)^2} \tag{5.33}$$

のように $s = -2$ に 2 重極を持つ場合，次式のように部分分数展開できる．

$$X(s) = \frac{a}{s+1} + \frac{b_1}{(s+2)^2} + \frac{b_2}{s+2} \tag{5.34}$$

まず，式 (5.34) の係数 a はこれまでの方法により

$$a = (s+1)X(s)|_{s=-1} = \left.\frac{s+3}{(s+2)^2}\right|_{s=-1} = 2$$

となる。

つぎに，式 (5.34) の係数 b_1 と b_2 の決定法について考えよう。式 (5.33) の両辺に $(s+2)^2$ を乗じると

$$(s+2)^2 X(s) = \frac{(s+2)^2}{s+1}a + b_1 + (s+2)b_2 \tag{5.35}$$

となり，この式で $s = -2$ とおくことにより，b_1 はつぎのように決定できる。

$$b_1 = (s+2)^2 X(s)|_{s=-2} = \left.\frac{s+3}{s+1}\right|_{s=-2} = -1$$

式 (5.35) を s で微分すると

$$\frac{\mathrm{d}}{\mathrm{d}s}(s+2)^2 X(s) = \frac{\mathrm{d}}{\mathrm{d}s}\left[\frac{(s+2)^2}{s+1}a\right] + b_2$$

となり，この式で $s = -2$ とおくと，b_2 はつぎのように決定できる。

$$b_2 = \left.\frac{\mathrm{d}}{\mathrm{d}s}(s+2)^2 X(s)\right|_{s=-2} = \left.\frac{\mathrm{d}}{\mathrm{d}s}\left(\frac{s+3}{s+1}\right)\right|_{s=-2}$$
$$= \left.\frac{-2}{(s+1)^2}\right|_{s=-2} = -2$$

したがって，部分分数展開は

$$X(s) = \frac{2}{s+1} - \frac{1}{(s+2)^2} - \frac{2}{s+2}$$

となり，これを逆ラプラス変換すると，次式が得られる。

$$x(t) = \mathcal{L}^{-1}[X(s)] = (2e^{-t} - te^{-2t} - 2e^{-2t})u_s(t) \tag{5.36}$$

ここで，表 5.1 の (8) を利用した。

n 重極を持つ場合に対しても，つぎの例題で与えるように，同様な手順で部分分数展開が行える。

例題 5.14 $x(t)$ のラプラス変換が

$$X(s) = \frac{1}{s(s+2)(s+1)^3}$$

のとき，$x(t)$ を求めよ．

【解答】 まず

$$X(s) = \frac{a_1}{s} + \frac{a_2}{s+2} + \frac{b_1}{s+1} + \frac{b_2}{(s+1)^2} + \frac{b_3}{(s+1)^3} \tag{5.37}$$

とおき，留数計算によってそれぞれの係数を求める．

$$\begin{aligned}
a_1 &= sX(s)|_{s=0} = \frac{1}{2} \\
a_2 &= (s+2)X(s)|_{s=-2} = \frac{1}{2} \\
b_3 &= (s+1)^3 X(s)|_{s=-1} = -1 \\
b_2 &= \frac{\mathrm{d}}{\mathrm{d}s}(s+1)^3 X(s)\bigg|_{s=-1} = 0
\end{aligned}$$

つぎに，式 (5.37) の両辺に $(s+1)^3$ を乗じた後，両辺を s で 2 階微分して $s=-1$ とおくと

$$\frac{\mathrm{d}^2}{\mathrm{d}s^2}(s+1)^3 X(s)\bigg|_{s=-1} = 2b_1$$

となり，よって

$$b_1 = \frac{1}{2}\frac{\mathrm{d}^2}{\mathrm{d}s^2}(s+1)^3 X(s)\bigg|_{s=-1} = -1$$

となる．以上より

$$X(s) = \frac{1}{2s} + \frac{1}{2(s+2)} - \frac{1}{s+1} - \frac{1}{(s+1)^3}$$

となり，これを逆ラプラス変換すると，つぎの結果を得る．

$$\begin{aligned}
x(t) &= \mathcal{L}^{-1}[X(s)] \\
&= \left(\frac{1}{2} + \frac{1}{2}e^{-2t} - e^{-t} - \frac{1}{2}t^2 e^{-t}\right) u_s(t)
\end{aligned}$$

例題 5.15 $x(t)$ のラプラス変換が

$$X(s) = \frac{(s+3)(s+4)}{(s+1)(s+2)}$$

のとき,$x(t)$ を求めよ。

【解答】 この例題のポイントは,$X(s)$ の分子と分母の次数が等しいことである。そこで,部分分数展開を適用する前に,まずつぎのような操作を行い,分母の次数を分子の次数より高くする。

$$X(s) = \frac{s^2 + 7s + 12}{s^2 + 3s + 2} = \frac{(s^2 + 3s + 2) + (4s + 10)}{s^2 + 3s + 2}$$
$$= 1 + \frac{4s + 10}{s^2 + 3s + 2} = 1 + \frac{4s + 10}{(s+1)(s+2)}$$

これを部分分数展開すると

$$X(s) = 1 + \frac{6}{s+1} - \frac{2}{s+2}$$

となり,つぎの結果を得る。

$$x(t) = \mathcal{L}^{-1}[X(s)] = \delta(t) + (6e^{-t} - 2e^{-2t})u_s(t)$$

例題 5.16 つぎの関数の逆ラプラス変換を計算せよ。

(1) $X(s) = \dfrac{s+3}{(s+1)(s+2)}$ 　　(2) $X(s) = \dfrac{1}{(s+2)^2}$

【解答】
(1) $X(s)$ を部分分数展開すると

$$X(s) = \frac{2}{s+1} - \frac{1}{s+2}$$

となるので

$$x(t) = \mathcal{L}^{-1}[X(s)] = (2e^{-t} - e^{-2t})u_s(t)$$

(2) $\mathcal{L}[tu_s(t)] = 1/s^2$ と s 領域推移の性質より

$$x(t) = \mathcal{L}^{-1}[X(s)] = te^{-2t}u_s(t)$$

例題 5.17 つぎの関数の逆ラプラス変換を計算せよ。

(1) $X(s) = \dfrac{s+c}{(s+a)(s+b)}$, $a \neq b \neq c$

(2) $X(s) = \dfrac{1}{s^3 + 3s^2 + 3s + 1}$

(3) $X(s) = \dfrac{2s+7}{s^3 + 6s^2 + 11s + 6}$

【解答】

(1) $X(s)$ を部分分数展開すると

$$X(s) = \frac{1}{b-a}\left[\frac{c-a}{s+a} - \frac{c-b}{s+b}\right]$$

なので

$$x(t) = \mathcal{L}^{-1}[X(s)] = \frac{1}{b-a}\left[(c-a)e^{-at} - (c-b)e^{-bt}\right]u_s(t)$$

(2) $X(s) = 1/(s+1)^3$ なので

$$x(t) = \mathcal{L}^{-1}[X(s)] = \frac{1}{2}t^2 e^{-t}\, u_s(t)$$

(3) $X(s)$ は次式のように部分分数展開できる。

$$X(s) = \frac{2s+7}{(s+1)(s+2)(s+3)} = \frac{2.5}{s+1} - \frac{3}{s+2} + \frac{0.5}{s+3}$$

よって

$$x(t) = \mathcal{L}^{-1}[X(s)] = (2.5e^{-t} - 3e^{-2t} + 0.5e^{-3t})u_s(t)$$

例題 5.18 つぎの関数の逆ラプラス変換を計算せよ。

(1) $X(s) = \dfrac{s+1}{s(s+2)^2}$ (2) $X(s) = \dfrac{1}{s(s^2+\omega^2)}$

(3) $X(s) = \dfrac{e^{-2s}}{s^2+9}$

【解答】

(1) $X(s)$ を次式のように部分分数展開する。

$$X(s) = \frac{k_1}{s} + \frac{k_2}{(s+2)^2} + \frac{k_3}{s+2}$$

ここで

$$k_1 = sX(s)|_{s=0} = \frac{1}{4}$$
$$k_2 = (s+2)^2 X(s)|_{s=-2} = \frac{1}{2}$$
$$k_3 = \frac{\mathrm{d}}{\mathrm{d}s}(s+2)^2 X(s)\bigg|_{s=-2} = \frac{\mathrm{d}}{\mathrm{d}s}\left(\frac{s+1}{s}\right)\bigg|_{s=-2}$$
$$= \frac{\mathrm{d}}{\mathrm{d}s}\left(\frac{-1}{s^2}\right)\bigg|_{s=-2} = -\frac{1}{4}$$

であり,よって

$$X(s) = \frac{1}{4}\frac{1}{s} + \frac{1}{2}\frac{1}{(s+2)^2} - \frac{1}{4}\frac{1}{s+2}$$

となる。これより次式が得られる。

$$x(t) = \mathcal{L}^{-1}[X(s)] = \frac{1}{4}\left(1 + 2te^{-2t} - e^{-2t}\right)u_s(t)$$

(2) $X(s)$ を次式のように部分分数展開する。

$$X(s) = \frac{1}{s(s^2+\omega^2)} = \frac{1}{s(s+j\omega)(s-j\omega)} = \frac{k_1}{s} + \frac{k_2}{s+j\omega} + \frac{k_3}{s-j\omega}$$

ここで

$$k_1 = sX(s)|_{s=0} = \frac{1}{\omega^2}$$
$$k_2 = (s+j\omega)X(s)|_{s=-j\omega} = -\frac{1}{2\omega^2}$$
$$k_3 = (s-j\omega)X(s)|_{s=j\omega} = -\frac{1}{2\omega^2}$$

であり,よって

$$X(s) = \frac{1}{\omega^2}\left(\frac{1}{s} - \frac{s}{s^2+\omega^2}\right)$$

となる。これより次式が得られる。

$$x(t) = \mathcal{L}^{-1}[X(s)] = \frac{1}{\omega^2}\left(1 - \cos\omega t\right)u_s(t)$$

(3) $X(s)$ は次式のように変形できる。
$$X(s) = \frac{1}{3}\frac{3}{s^2+3^2}e^{-2s}$$
よって
$$x(t) = \mathcal{L}^{-1}[X(s)] = \begin{cases} \dfrac{1}{3}\sin 3(t-2), & t \geqq 2 \text{ のとき} \\ 0, & t < 2 \text{ のとき} \end{cases}$$
$$= \frac{1}{3}\sin 3(t-2)\,u_s(t-2)$$

例題 5.19 つぎの関数の逆ラプラス変換を計算せよ。
$$X(s) = \frac{2s+5}{s^2+4s+13}$$

【解答】 $X(s)$ は次式のように変形できる。
$$X(s) = \frac{2(s+2)+1}{(s+2)^2+3^2} = 2\frac{s+2}{(s+2)^2+3^2} + \frac{1}{3}\frac{3}{(s+2)^2+3^2}$$
よって，この関数の逆ラプラス変換はつぎのようになる。
$$x(t) = \mathcal{L}^{-1}[X(s)] = \left(2e^{-2t}\cos 3t + \frac{1}{3}e^{-2t}\sin 3t\right)u_s(t)$$
三角関数の合成定理を利用すれば，さらに次式のように変形することもできる。
$$x(t) = \left(2\cos 3t + \frac{1}{3}\sin 3t\right)e^{-2t}u_s(t)$$
$$= \sqrt{4+\frac{1}{9}}\cos\left(3t + \arctan\left(-\frac{1/3}{2}\right)\right)e^{-2t}u_s(t)$$
$$= \frac{\sqrt{37}}{3}\cos\left(3t - \arctan\left(\frac{1}{6}\right)\right)e^{-2t}u_s(t)$$

例題 5.20 つぎの関数の逆ラプラス変換を計算せよ。
(1) $X(s) = \dfrac{4s+7}{(s+1)(s^2+2s+10)}$
(2) $X(s) = \dfrac{s^2}{(s^2+\omega^2)^2}$

【解答】

(1) $X(s)$ は次式のように部分分数展開できる。

$$X(s) = \frac{4s+7}{(s+1)(s+1-j3)(s+1+j3)}$$
$$= \frac{k_1}{s+1} + \frac{k_2}{s+1-j3} + \frac{k_3}{s+1+j3}$$

ここで

$$k_1 = (s+1)X(s)|_{s=-1} = \frac{1}{3}$$
$$k_2 = (s+1-j3)X(s)|_{s=-1+j3} = -\frac{1+j4}{6}$$
$$k_3 = (s+1+j3)X(s)|_{s=-1-j3} = -\frac{1-j4}{6}$$

であり,よって

$$x(t) = \frac{1}{3}e^{-t}u_s(t) - \frac{1+j4}{6}e^{-(1-j3)t}u_s(t) - \frac{1-j4}{6}e^{-(1+j3)t}u_s(t)$$

となる。上式の右辺第2項と第3項について計算する。

$$-\frac{1}{6}\left[(1+j4)e^{-(1-j3)t} + (1-j4)e^{-(1+j3)t}\right]u_s(t)$$
$$= -\frac{1}{6}\left[\left(e^{-t}e^{j3t} + e^{-t}e^{-j3t}\right) + j4\left(e^{-t}e^{j3t} - e^{-t}e^{-j3t}\right)\right]u_s(t)$$
$$= -\frac{1}{3}e^{-t}\left[\frac{1}{2}\left(e^{j3t} + e^{-j3t}\right) - 4\frac{1}{j2}\left(e^{j3t} - e^{-j3t}\right)\right]u_s(t)$$
$$= -\frac{1}{3}e^{-t}(\cos 3t - 4\sin 3t)u_s(t)$$

したがって

$$x(t) = \frac{1}{3}e^{-t}\left(1 - \cos 3t + 4\sin 3t\right)u_s(t)$$
$$= \frac{1}{3}e^{-t}\left(1 - \sqrt{17}\cos(3t + \arctan 4)\right)u_s(t)$$

(2) $X(s)$ を次式のように分解する。

$$X(s) = \frac{s}{s^2+\omega^2} \cdot \frac{s}{s^2+\omega^2}$$

いま

$$\mathcal{L}^{-1}\left[\frac{s}{s^2+\omega^2}\right] = \cos\omega t$$

なので，表 5.2 のラプラス変換のたたみ込み積分の性質 (8) より

$$\mathcal{L}^{-1}[X(s)] = \int_0^t \cos\omega(t-\tau)\cos\omega\tau\,d\tau$$
$$= \frac{1}{2}\int_0^t [\cos\omega t + \cos\omega(t-2\tau)]\,d\tau$$
$$= \frac{1}{2}\left[\tau\cos\omega t - \frac{1}{2\omega}\sin\omega(t-2\tau)\right]_0^t$$
$$= \frac{1}{2}\left(t\cos\omega t + \frac{\sin\omega t}{\omega}\right), \quad t \geqq 0$$
$$= \frac{1}{2}\left(t\cos\omega t + \frac{\sin\omega t}{\omega}\right)u_s(t)$$

5.6 ラプラス変換を用いた微分方程式の解法

ラプラス変換を用いた微分方程式の解法について，例題を通して見ていこう．

例題 5.21 微分方程式

$$\frac{d^2x(t)}{dt^2} + 5\frac{dx(t)}{dt} + 4x(t) = 0, \quad t \geqq 0$$

をラプラス変換を用いて解け．ただし，$x(0) = 0$, $x^{(1)}(0) = 1$ とする．

【解答】 $\mathcal{L}[x(t)] = X(s)$ として，微分方程式をラプラス変換すると

$$[s^2 X(s) - sx(0) - x^{(1)}(0)] + 5[sX(s) - x(0)] + 4X(s) = 0$$

が得られる．これに初期条件を代入すると

$$(s^2 + 5s + 4)X(s) = 1$$
$$X(s) = \frac{1}{s^2 + 5s + 4} = \frac{1}{3}\left(\frac{1}{s+1} - \frac{1}{s+4}\right)$$

となり，これを逆ラプラス変換すると

$$x(t) = \mathcal{L}^{-1}[X(s)] = \frac{1}{3}\left(e^{-t} - e^{-4t}\right)u_s(t)$$

を得る．

例題 5.22 微分方程式
$$\frac{\mathrm{d}^2 x(t)}{\mathrm{d}t^2} + 3\frac{\mathrm{d}x(t)}{\mathrm{d}t} + 2x(t) = 2, \quad t \geqq 0$$
をラプラス変換を用いて解け。ただし，$x(0) = 0$，$x^{(1)}(0) = 0$ とする。

【解答】 $\mathcal{L}[x(t)] = X(s)$ として，微分方程式をラプラス変換すると
$$[s^2 X(s) - sx(0) - x^{(1)}(0)] + 3[sX(s) - x(0)] + 2X(s) = \frac{2}{s}$$
が得られる。ここで，上式右辺は $2u_s(t)$ をラプラス変換した結果であることに注意する。初期条件を代入し，部分分数展開すると
$$X(s) = \frac{2}{s(s+1)(s+2)} = \frac{1}{s} - \frac{2}{s+1} + \frac{1}{s+2}$$
となる。よって
$$x(t) = \mathcal{L}^{-1}[X(s)] = \left(1 - 2e^{-t} + e^{-2t}\right) u_s(t)$$
となる。 ◇

以上の例題より，ラプラス変換を用いることにより，微分方程式が解きやすい s の代数方程式に変換できることがわかった。このように変換を有効に利用することにより，問題が簡単になったり，物の見方が容易になったりする（図 **5.14**）。

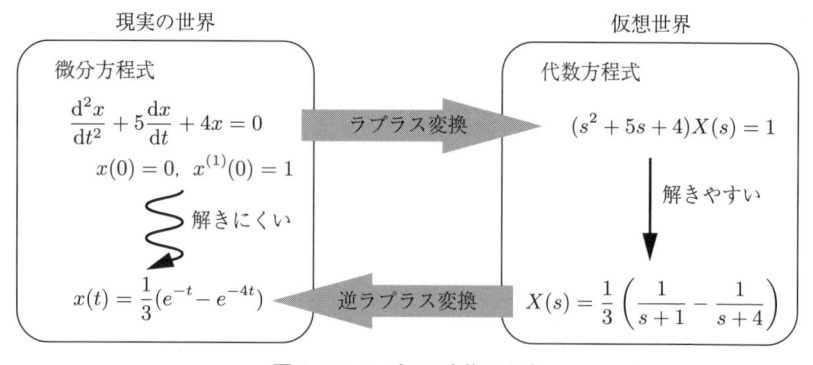

図 5.14 ラプラス変換の利点

5.6 ラプラス変換を用いた微分方程式の解法

例題 5.23 つぎの微分方程式を解け。

(1) $\dfrac{d^2 x(t)}{dt^2} + 2\dfrac{dx(t)}{dt} + 5x(t) = 0, \quad t \geqq 0$

ただし，$x(0) = 2, \; x^{(1)}(0) = 0$

(2) $\dfrac{d^2 x(t)}{dt^2} + 4\dfrac{dx(t)}{dt} + 13x(t) = 9e^{-2t}, \quad t \geqq 0$

ただし，$x(0) = 1, \; x^{(1)}(0) = 1$

【解答】

(1) $\mathcal{L}[x(t)] = X(s)$ として，微分方程式をラプラス変換し，初期条件を代入すると

$$(s^2 + 2s + 5)X(s) = 2s + 4$$

となる。これより

$$X(s) = \frac{2s+4}{s^2+2s+5} = \frac{2(s+1)+2}{(s+1)^2+2^2}$$
$$= \frac{2(s+1)}{(s+1)^2+2^2} + \frac{2}{(s+1)^2+2^2}$$

となり，これを逆ラプラス変換すると，つぎの結果を得る。

$$x(t) = \mathcal{L}^{-1}[X(s)] = \left(2e^{-t}\cos 2t + e^{-t}\sin 2t\right) u_s(t)$$
$$= e^{-t}\left(2\cos 2t + \sin 2t\right) u_s(t)$$
$$= \sqrt{5}\, e^{-t}\cos(2t - \arctan 0.5)u_s(t)$$

(2) $\mathcal{L}[x(t)] = X(s)$ として，微分方程式をラプラス変換し，初期条件を代入すると，次式を得る。

$$[s^2 X(s) - s - 1] + 4[sX(s) - 1] + 13X(s) = \frac{9}{s+2}$$

よって

$$(s^2 + 4s + 13)X(s) = s + 5 + \frac{9}{s+2} = \frac{s^2 + 7s + 19}{s+2}$$

となる。これより

$$X(s) = \frac{s^2 + 7s + 19}{(s+2)(s^2+4s+13)} = \frac{1}{s+2} + \frac{3}{s^2+4s+13}$$

$$= \frac{1}{s+2} + \frac{3}{(s+2)^2 + 3^2}$$

となり，これを逆ラプラス変換すると，つぎの結果を得る。

$$\begin{aligned} x(t) &= \mathcal{L}^{-1}[X(s)] \\ &= \left(e^{-2t} + e^{-2t}\sin 3t\right) u_s(t) \\ &= e^{-2t}\left(1 + \sin 3t\right) u_s(t) \end{aligned}$$

$\diamond$

つぎに，力学システムと電気回路の例を与えよう。

例題 5.24 図 **5.15** に示す力学システムにおいて，平衡点から x_0 離れた地点で静かに手を離した後の台車の運動を記述せよ。ただし，台車の質量を m，ばね定数を k とし，床に摩擦は存在しないと仮定する。

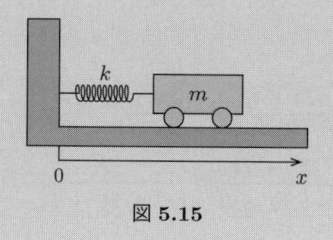

図 **5.15**

【解答】 1 章で与えた並進運動の運動方程式より，微分方程式

$$m\frac{\mathrm{d}^2 x(t)}{\mathrm{d}t^2} = -kx(t)$$

が得られる。ただし，$x(0) = x_0$，$\dot{x}(0) = 0$ である。上式はつぎのような一般的な式に変形できる。

$$\frac{\mathrm{d}^2 x(t)}{\mathrm{d}t^2} + \omega_n^2 x(t) = 0$$

ただし，$\omega_n = \sqrt{k/m}$ は固有角周波数である。

いま，$X(s) = \mathcal{L}[x(t)]$ とおくことにより

$$X(s) = \frac{s}{s^2 + \omega_n^2} x_0$$

が得られる。したがって，台車は次式のように単振動する。

$$x(t) = \mathcal{L}^{-1}[X(s)] = x_0 \cos \omega_n t$$

5.6 ラプラス変換を用いた微分方程式の解法

例題 5.25 図 5.16 に示す抵抗 R とインダクタンス L からなる RL 回路において,時間 $t=0$ にスイッチを閉じた。このとき,回路を流れる電流 $i(t)$ を計算せよ。

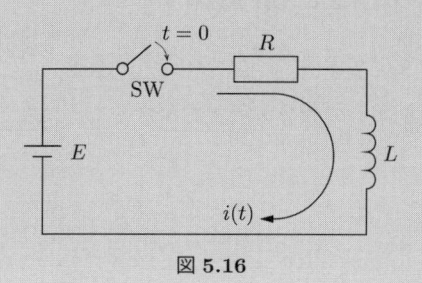

図 5.16

【解答】 回路方程式はつぎのようになる。

$$L\frac{\mathrm{d}i(t)}{\mathrm{d}t} + Ri(t) = E, \quad t \geqq 0$$

なお,初期条件は $t=0$ のとき $i(t)=0$ である。$I(s) = \mathcal{L}[i(t)]$ とおいて上式をラプラス変換すると

$$(Ls+R)I(s) = \frac{E}{s}$$

となり,これより

$$I(s) = \frac{E}{s(Ls+R)} = \frac{E}{L}\frac{1}{s\left(s+\dfrac{R}{L}\right)} = \frac{E}{L}\left[\frac{a_1}{s} + \frac{a_2}{s+\dfrac{R}{L}}\right]$$

となる。留数計算より,$a_1 = L/R$, $a_2 = -L/R$ となるので,次式を得る。

$$I(s) = \frac{E}{R}\left[\frac{1}{s} - \frac{1}{s+\dfrac{R}{L}}\right]$$

したがって

$$i(t) = \mathcal{L}^{-1}[I(s)] = \frac{E}{R}\left(1 - e^{-\frac{R}{L}t}\right), \quad t \geqq 0$$

5.7 本章のポイント

- ラプラス変換の計算法と性質を理解すること。
- 部分分数展開を用いて逆ラプラス変換を行えるようになること。
- ラプラス変換を用いて微分方程式を解けるようになること。

6 信号のノルム

　工学の応用の場面では，着目する信号の大きさが問題になることが多い。信号の大きさを定義するためには，ノルムという数学的な概念が重要になる。本章では，信号のノルムを学ぶ。

6.1　ノ ル ム

　「信号が大きい」という表現をしたとき，「大きい」とはどのような意味なのだろうか。例えば，ある物の長さが長いとか短いとかいう場合には，長さを測定するための絶対的基準であるメートル原器のような「物差し」が必要である。したがって，信号の大きさを測るためにも，なんらかの**メジャー**（measure; 測度）が必要になる。本章では，信号のメジャーとして最も有効なノルムを導入する。

　さて，**図 6.1** の平面において点 A から点 B までの距離を求めなさいといわれれば，ほとんどの人は

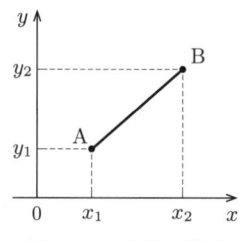

図 6.1　2 点間の距離

$$\sqrt{(x_1-x_2)^2+(y_1-y_2)^2} \tag{6.1}$$

という数式を利用するだろう。これは，われわれが一般的に用いる**ユークリッド距離**（Euclidean distance）と呼ばれる距離である。

この距離から，n 次元ベクトル

$$\boldsymbol{x} = [x_1,\ x_2, \cdots,\ x_n]^T \tag{6.2}$$

の大きさ（原点からの距離）を次式のように定義することができる。

$$\|\boldsymbol{x}\|_{\text{Euclid}} = \sqrt{x_1^2 + x_2^2 + \cdots + x_n^2} \tag{6.3}$$

このように定義されたベクトルの大きさは，**ユークリッドノルム**（Euclidean norm）あるいは 2 乗ノルムと呼ばれる。ノルムとは，n 個の要素を持つベクトルの大きさを正のスカラ量に写像するものと考えることもできる。

それでは，ノルムの定義を与えよう。

【ポイント 6.1】ノルム V をベクトル空間（ベクトル値をとるものの集合）とし，ϕ を V から正の実数値（ただし 0 と ∞ を含む）への写像とする。このとき，つぎの三つの条件を満足するならば，ϕ は V 上のノルムと呼ばれる。

(1) **非負性**：$\phi(v) \geqq 0,\ v \in V$（ただし，等号は $v = 0$ のとき）
(2) **同次性**：$\phi(av) = |a|\phi(v)$（ただし，a は実数で，$\phi(v) < \infty$）
(3) **三角不等式**：$\phi(v+w) \leqq \phi(v) + \phi(w),\ v, w \in V$

式 (6.3) のユークリッドノルムが，ノルムの三つの条件を満たしているかどうかを調べよう。まず，式 (6.3) は 2 乗和の正の平方根であるので，必ず非負になり，条件 (1) は成り立つ（また，すべての要素が 0 のとき，ノルムは 0 になる）。条件 (2) が成り立つことも明らかである。さらに，条件 (3) は，三角形の斜辺の長さは他の 2 辺の長さの和より小さいという，ユークリッド幾何学の事実より明らかである。したがって，式 (6.3) はノルムの定義を満たす。

【発展】関数空間

式 (6.1) で与えたユークリッド距離のような距離を定義できる空間を**距離空間**といい，距離の特殊な場合であるノルム（例えば式 (6.3) で与えたユークリッドノルム）を定義できる空間を**ノルム空間**という。また，内積が定義できるノルム空間を**内積空間**といい，線形な内積空間を**ユークリッド空間**という。さらに，大ざっぱにいうと，ユークリッド空間を無限次元に拡張したものを**ヒルベルト空間**という。このように，ノルムは関数空間では重要な役割を果たしている。

6.2 持続的な信号の大きさ

まず，電気回路の交流電圧の大きさを例にとって，持続的な信号の大きさを定義しよう。

家庭用の交流電源（alternating current; AC）は，周波数が 50 Hz あるいは 60 Hz の正弦波である（図 **6.2** 参照。ただし，図では $f = 50\,\mathrm{Hz}$ のときを示した）。図より，連続時間信号である電圧 $e(t)$ は

$$e(t) = E_m \sin(2\pi f t + \phi) \tag{6.4}$$

で表される。ただし，E_m は最大振幅であり，ϕ は位相である。このように，交流電圧の電圧値は時々刻々変化している。それでは，大きさが 100 V の電圧とは，何を意味するのだろうか。ここでは，交流電圧の大きさの測り方を紹介し

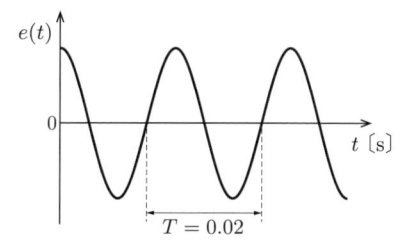

図 **6.2** 交流電圧（$f = 50\,\mathrm{Hz}$）

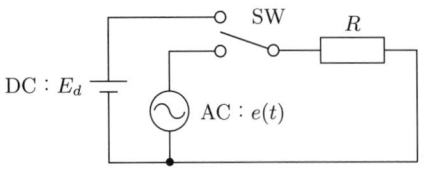

図 6.3 電圧の大きさの測り方

よう。

図 **6.3** に示す電気回路を考える。図において，抵抗 R に直流電圧 E_d を印加したときに消費される電力 P_d は，次式で与えられる。

$$P_d = \frac{E_d^2}{R} \tag{6.5}$$

いま，同じ回路において，抵抗 R に交流電圧 $e(t)$ が印加されたときの電力の瞬時値は，$p = e^2(t)/R$ である。そこで，1 周期 T におけるこの p の平均値 P を計算すると

$$P = \frac{1}{T} \int_0^T \frac{e^2(t)}{R} dt \tag{6.6}$$

が得られる。このとき，交流電圧の大きさをつぎのように定義する。

【ポイント 6.2】交流電圧の大きさ　交流電圧 $e(t)$ によって抵抗 R で消費される電力が，同じ抵抗に直流電圧を印加したときに消費される電力と等しくなるような直流電圧の大きさを，交流電圧の大きさ E とする。

すなわち

$$\frac{E^2}{R} = \frac{1}{T} \int_0^T \frac{e^2(t)}{R} dt \tag{6.7}$$

である。したがって，交流電圧の大きさは次式より計算できる。

$$E = \sqrt{\frac{1}{T} \int_0^T e^2(t) dt} \tag{6.8}$$

このようにして定義された E を**実効値** (efficient value)，あるいは **rms** (root-mean-square; **2 乗平均平方根**) と呼ぶ。

6.2 持続的な信号の大きさ

特に,式 (6.4) で与えた交流電源のような正弦波電圧

$$e(t) = E_m \sin 2\pi ft \tag{6.9}$$

の場合には,実効値はつぎのように計算できる。

$$\begin{aligned}
\text{rms} &= \sqrt{\frac{E_m^2}{2\pi} \int_0^{2\pi} \sin^2\theta \, d\theta} \\
&= E_m \sqrt{\frac{1}{4\pi} \int_0^{2\pi} (1 - \cos 2\theta) d\theta} \\
&= E_m \sqrt{\frac{1}{4\pi} \left[\theta - \frac{\sin 2\theta}{2}\right]_0^{2\pi}} \\
&= \frac{1}{\sqrt{2}} E_m \approx 0.707 E_m
\end{aligned} \tag{6.10}$$

ただし,$\phi = 0$,$\theta = 2\pi ft$ とおいた。式 (6.10) より,正弦波の実効値は振幅の約 0.707 倍である。

前述した,家庭用の交流電圧の大きさが 100 V であるとは,実効値が 100 V であることを意味している。したがって,交流電圧の最大振幅は約 141 V である。

また,交流電圧の平均値(av と表す)は次式で定義される。

$$\text{av} = \frac{1}{T} \int_0^T |e(t)| dt \tag{6.11}$$

再び,式 (6.4) の正弦波電圧の場合には,平均値はつぎのようになる。

$$\text{av} = \frac{1}{T} \int_0^T |e(t)| dt = \frac{E_m}{\pi} \int_0^\pi \sin\theta \, d\theta \approx 0.636 E_m \tag{6.12}$$

これより,正弦波電圧の平均値は,振幅の約 0.636 倍である。

以上より,つぎの関係式が得られる。

$$\text{av} \leqq \text{rms} \tag{6.13}$$

この関係式は,一般的に成り立つ。

電気回路の例で与えた持続的な信号に対する大きさのメジャーを整理しよう。

【ポイント 6.3】持続的な信号の大きさ

(1) **絶対平均値**：定常状態において式 (6.11) のように平均値を計算したものが，次式で定義する**絶対平均値** (average-absolute value) である。

$$\|x\|_{aa} = \lim_{T \to \infty} \frac{1}{T} \int_0^T |x(t)| \mathrm{d}t \tag{6.14}$$

(2) **rms**：定常状態における rms を以下のように定義する。まず，**平均パワー** (average power) を次式で定義する。

$$\lim_{T \to \infty} \frac{1}{T} \int_0^T x^2(t) \mathrm{d}t \tag{6.15}$$

上式の極限が存在するとき，$x(t)$ は**パワー信号** (power signal) と呼ばれ，rms は次式で与えられる。

$$\|x\|_{\mathrm{rms}} = \sqrt{\lim_{T \to \infty} \frac{1}{T} \int_0^T x^2(t) \mathrm{d}t} \tag{6.16}$$

rms は周期信号の大きさを表す最もよく用いられる記法の一つであり，その代表例は前述した交流回路の実効値である。

さて，非周期的信号（過渡的な信号のこと）に対して絶対平均値や rms を計算すると，それらの値は 0 になってしまう。したがって，ポイント 6.1 で述べたノルムの条件 (1)，すなわち，ノルムの値が 0 になるのは信号の値がつねに 0 の場合のみであるという条件に反してしまう。そのため，絶対平均値や rms はノルムではないことに注意する。

例題 6.1 図 6.4 に示す周期信号 $f(t)$ の絶対平均値と rms を計算せよ。

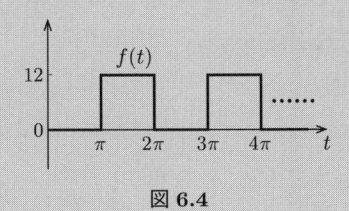

図 6.4

【解答】 まず，絶対平均値は

$$\|f\|_{aa} = \frac{1}{T}\int_0^T |f(t)|\,dt = \frac{1}{2\pi}\int_\pi^{2\pi} 12\,dt = 6$$

となる。つぎに，rms は次式のようになる。

$$\text{rms} = \sqrt{\frac{1}{2\pi}\int_0^{2\pi} f^2(t)\,dt} = \sqrt{\frac{1}{2\pi}\int_\pi^{2\pi} 12^2\,dt} = \sqrt{72} \approx 8.49$$

例題 6.2 図 6.5 に示す周期信号 $f(t)$ の絶対平均値と rms を計算せよ。

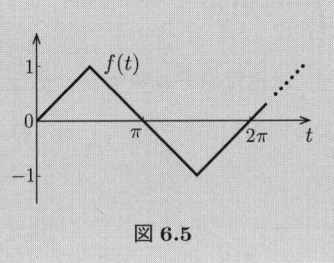

図 6.5

【解答】 まず，絶対平均値は

$$\|f\|_{aa} = \frac{4}{2\pi}\int_0^{\pi/2} \frac{2t}{\pi}\,dt = \frac{1}{2}$$

となる。つぎに，rms は次式のようになる。

$$\text{rms} = \sqrt{\frac{1}{2\pi}\int_0^{2\pi} f^2(t)\,dt} = \sqrt{\frac{4}{2\pi}\int_0^{\pi/2}\left(\frac{2t}{\pi}\right)^2 dt}$$

$$= \sqrt{\frac{8}{\pi^3}\int_0^{\pi/2} t^2\,dt} = \sqrt{\frac{1}{3}} \approx 0.577$$

6.3 信号のノルム

前節では，持続的な定常信号の大きさとして絶対平均値と rms を定義したが，両者ともノルムの定義を満たさなかった。なぜならば，時間が無限大に向かうとき 0 に向かう過渡的な信号（安定な信号ともいう）に対して，絶対平均

値や rms は 0 になってしまうからである。このような信号は，電気回路や制御システムなどの応用例では非常に重要である。

そこで，つぎのような三つのノルムを定義しよう。

【ポイント 6.4】信号のノルム

(1) $\mathcal{L}_1$ ノルム

信号 $x(t)$ の $\mathcal{L}_1$ ノルムを次式で定義する。

$$\|x\|_1 = \int_0^\infty |x(t)|\mathrm{d}t$$

ここで，添字 "1" は絶対値を意味する。また，ここでは負の時間においては 0 をとる因果信号を考えているため，負の積分区間は考えない。

(2) $\mathcal{L}_2$ ノルム

信号 $x(t)$ の $\mathcal{L}_2$ ノルムを次式で定義する。

$$\|x\|_2 = \sqrt{\int_0^\infty |x(t)|^2 \mathrm{d}t} \tag{6.17}$$

式 (6.17) 右辺で，信号の 2 乗をとってその平方根を計算しているため，添字 "2" が用いられている。これは前述したユークリッド距離と同じ意味を持つことに注意する。

(3) $\mathcal{L}_\infty$ ノルム

信号 $x(t)$ の $\mathcal{L}_\infty$ ノルム（ピークノルムとも呼ばれる）を次式で定義する。

$$\|x\|_\infty = \sup_{t \geq 0} |x(t)| \tag{6.18}$$

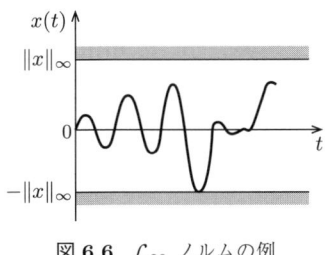

図 6.6 　$\mathcal{L}_\infty$ ノルムの例

　$\mathcal{L}_\infty$ ノルムの例を図 6.6 に示す．この $\mathcal{L}_\infty$ ノルムは過渡的な信号だけでなく，持続的な信号に対しても定義できることに注意する．特に，正弦波信号の場合には，最大振幅が $\mathcal{L}_\infty$ ノルムに一致する．

　特に，$\mathcal{L}_2$ ノルムはパワーとエネルギーに密接に関係しており，それをつぎにまとめよう．

【ポイント 6.5】パワーとエネルギー　例えば，信号 $x(t)$ を電流とし，それが $1\,\Omega$ の抵抗に流れている電気回路を考える．このとき，$x^2(t)$ は時間 t における**パワー**（power）を表し，それを積分したものは**エネルギー**（energy）になる．すなわち，物理的には $\mathcal{L}_2$ ノルムの 2 乗 $\|x\|_2^2$ は，エネルギーを表す量に対応する．

　このように，信号の $\mathcal{L}_2$ ノルムは，エネルギーという明確な物理量に対応していることに注意する．さらに，パーセバルの定理を用いると，$\mathcal{L}_2$ ノルムは周波数領域では次式で与えられる．

$$\|x\|_2 = \sqrt{\frac{1}{2\pi}\int_{-\infty}^{\infty}|X(\omega)|^2 d\omega} \tag{6.19}$$

ただし，$X(\omega) = \mathcal{F}[x(t)]$ とおいた．

【ポイント 6.6】sup と max, inf と min

集合 X に属するすべての数 x がある数 a より大きく（小さく）ないとき，すなわち，$x \leq a$ $(x \geq a)$ のとき，X は上方（下方）に有界であるといい，a をその一つの上界（下界）という。上方にも下方にも有界のとき，単に有界であるという。上界はたくさん存在するが，そのうちで最も小さいものを最小上界といい，sup（supremum の略）で表す。同じように，下界のうちで最も大きいものを最大下界といい，inf（infimum の略）で表す。

さらに，a が X の上界で，$a \in X$ のとき，a は X の最大値であるといい，max（maximum の略）で表す。同じように，a が X の下界で，$a \in X$ のとき，a は X の最小値であるといい，min（minimum の略）で表す。

例えば関数列 $f(t) = 1-e^{-t}$, $t \geq 0$ を考えよう。明らかに $0 \leq f(t) < 1$ であるので，有界である。このとき，上界は 1 でも 100 でも 100000 でもよいが，最小上界は 1 となり

$$\sup f(t) = 1$$

と表される。しかしながら，1 はこの関数列のとりうる値でないため（1 は集積点と呼ばれる），この関数列には最大値は存在しない。

一方，この関数列の最大下界，最小値に関しては

$$\inf f(t) = \min f(t) = 0$$

が成り立つ。

6.3 信号のノルム

例題 6.3 信号 $x(t) = e^{-at}u_s(t)$, $a > 0$ に対して，以下の問に答えよ。

(1) 信号の波形を図示せよ。
(2) 信号の $\mathcal{L}_1$ ノルム，$\mathcal{L}_2$ ノルム，$\mathcal{L}_\infty$ ノルムを計算せよ。
(3) 信号 $x(t)$ をフーリエ変換せよ。
(4) パーセバルの等式

$$\int_0^\infty x(t)^2 \, dt = \frac{1}{2\pi} \int_{-\infty}^\infty |X(\omega)|^2 \, d\omega$$

が成り立っていることを確認せよ。

【解答】

(1) これは減衰指数信号であり，その波形を図 **6.7** に示す。
(2) まず，$\mathcal{L}_1$ ノルムは

$$\|x\|_1 = \int_0^\infty |e^{-at}| \, dt = \frac{1}{a}$$

となる。つぎに，$\mathcal{L}_2$ ノルムはつぎのように計算できる。

$$\|x\|_2 = \sqrt{\int_0^\infty |e^{-at}|^2 \, dt} = \sqrt{\int_0^\infty e^{-2at} \, dt} = \frac{1}{\sqrt{2a}}$$

最後に，$\mathcal{L}_\infty$ ノルムは図 6.7 より明らかなように，$\|x\|_\infty = 1$ である。

(3) フーリエ変換の公式を利用すると

$$X(\omega) = \mathcal{F}[x(t)] = \int_0^\infty e^{-at} e^{-j\omega t} \, dt = \frac{1}{j\omega + a}$$

が得られる。

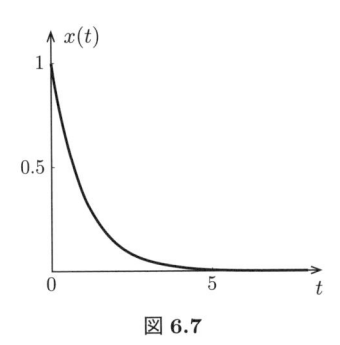

図 **6.7**

(4) まず，パーセバルの等式の左辺は

$$\text{左辺} = \|x\|_2^2 = \frac{1}{2a}$$

となる．一方，右辺は留数計算によりつぎのように計算できる．

$$\text{右辺} = \frac{1}{2\pi}\int_{-\infty}^{\infty}\frac{1}{\omega^2+a^2}\,d\omega = \frac{1}{2\pi}\cdot 2\pi j \lim_{\omega\to ja}(\omega-ja)\frac{1}{\omega^2+a^2} = \frac{1}{2a}$$

以上より，パーセバルの等式が成立していることが確かめられた．

例題 6.4 信号 $f(t) = e^{-t}\sin t\, u_s(t)$ の波形を図示し，この信号の $\mathcal{L}_\infty$ ノルムを計算せよ．

【解答】 これは減衰正弦波信号であり，その波形を図 6.8 に示す．信号の $\mathcal{L}_\infty$ ノルムは，その信号の振幅の最大値なので，関数 $f(t)$ の最大値を求める問題を考えよう．そのために，まず導関数を計算する．

$$\begin{aligned}f'(t) &= -e^{-t}\sin t + e^{-t}\cos t \\ &= e^{-t}(\cos t - \sin t) \\ &= e^{-t}\sqrt{2}\cos(t - \arctan(-1)) \\ &= \sqrt{2}e^{-t}\cos\left(t+\frac{\pi}{4}\right)\end{aligned}$$

$f'(t) = 0$ となる t は多数存在するが，図より明らかなように波形の最初の山のところで最大値をとるので，$t+\pi/4 = \pi/2$，すなわち $t = \pi/4$ のとき，$f(t)$ は最大値をとる．信号の値はこのときつぎのようになる．

$$f\left(\frac{\pi}{4}\right) = e^{-\pi/4}\sin\frac{\pi}{4} \approx 0.322$$

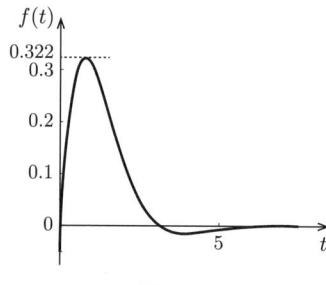

図 6.8

例題 6.5 信号 $f(t) = te^{-t}u_s(t)$ の波形を図示し，この信号の $\mathcal{L}_1$ ノルム，$\mathcal{L}_2$ ノルム，$\mathcal{L}_\infty$ ノルムを計算せよ。

【解答】 まず，波形を描くために導関数を計算する。

$$f'(t) = e^{-t}(1-t) = 0$$

よって，$t = 1$ で導関数は 0 となる。このときの関数の増減表を表 **6.1** に示す。これより，$f(t)$ の波形を図 **6.9** に示す。

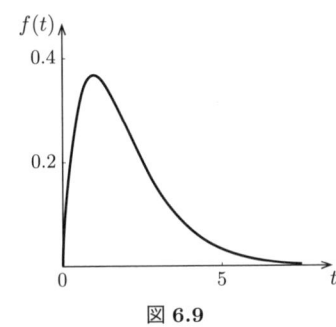

表 **6.1** 増 減 表

t	0		1	
$f'(t)$		$+$	0	$-$
$f(t)$	0	↗	$1/e$	↘

図 **6.9**

この信号の $\mathcal{L}_1$ ノルムはつぎのようになる。

$$\|f\|_1 = \int_0^\infty |te^{-t}|\, dt = 1$$

つぎに，$\mathcal{L}_2$ ノルムは，次式のように部分積分を 2 回行うことにより計算できる。

$$\begin{aligned}
\|f\|_2^2 &= \int_0^\infty |te^{-t}|^2\, dt = \int_0^\infty t^2 e^{-2t}\, dt \\
&= \left[t^2\left(-\frac{1}{2}e^{-2t}\right)\right]_0^\infty - \int_0^\infty 2t\left(-\frac{1}{2}\right)e^{-2t}\, dt \\
&= \int_0^\infty te^{-2t}\, dt = \frac{1}{4}
\end{aligned}$$

最後に，$\mathcal{L}_\infty$ ノルムは図より明らかなように，$\|f\|_\infty = 1/e \approx 0.368$ である。

6.4 本章のポイント

- 信号のノルムの（物理的）意味を理解すること。
- $\mathcal{L}_1$ ノルム，$\mathcal{L}_2$ ノルム，$\mathcal{L}_\infty$ ノルムの計算法を理解すること。

7 離散時間信号とシステム

本章では基本的な離散時間信号を定義し，それらの性質について調べる。ほとんどの性質は連続時間信号の場合と同じであるが，離散時間信号に特有な性質があることに注意する。また，たたみ込み（convolution）を用いて離散時間 LTI システムを記述する。

7.1 離散時間信号

7.1.1 正弦波信号

離散時間**正弦波信号**を次式で定義する。

$$x(k) = A\cos(\omega_0 k + \phi) \tag{7.1}$$

ただし，ω_0 [rad] は**角周波数**[†]，ϕ [rad] は**位相**であり，A は（**最大**）**振幅**である。k は時間を表す整数（$k = 0, \pm 1, \pm 2, \cdots$）である（これは無次元量である）。連続時間の場合と同様に，本章でも $\cos(\omega_0 k + \phi)$, $\sin(\omega_0 k + \phi)$ を正弦波信号と総称する。角周波数 ω_0 と**周波数** f_0 の間では，関係式

$$\omega_0 = 2\pi f_0 \tag{7.2}$$

が成り立つ。

[†] ω_0 を単に周波数と呼ぶことも多い。厳密には，離散時間角周波数と連続時間角周波数は異なるものなので，違う記号を用いて区別すべきであるが，本書ではほとんどの場合同一の記号 ω を用いる。

さて，三つの離散時間正弦波信号

$$x_1(k) = \cos\left(\frac{2\pi}{12}k\right) \tag{7.3}$$

$$x_2(k) = \cos\left(\frac{8\pi}{21}k\right) \tag{7.4}$$

$$x_3(k) = \cos\left(\frac{k}{3}\right) \tag{7.5}$$

の波形を図 7.1 に示す．ここで，$x_1(k)$, $x_2(k)$, $x_3(k)$ の角周波数は，それぞれ $2\pi/12$, $8\pi/21$, $1/3$ である．一見すると，(a) と (c) は正弦波のようだが，(b) は正弦波に見えないかもしれない．以下で周期性を説明するときに，これら三つの信号を用いる．

正弦波信号の最大の特徴は，周期性である．離散時間信号に対しても，連続時間信号に対するポイント 1.1 と同様に周期性を定義することができる．

(a) $x_1(k) = \cos\left(\frac{2\pi}{12}k\right)$

(b) $x_2(k) = \cos\left(\frac{8\pi}{21}k\right)$

(c) $x_3(k) = \cos\left(\frac{k}{3}\right)$

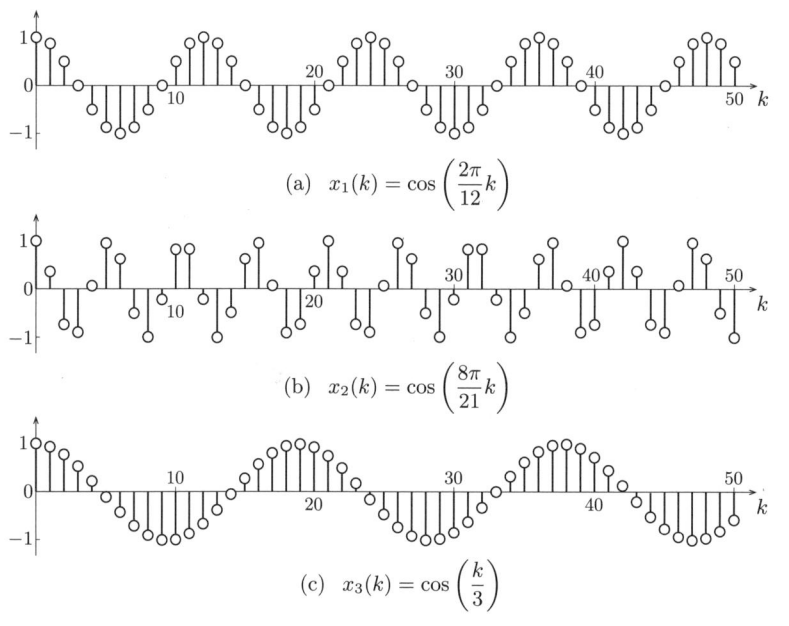

図 7.1 三つの離散時間正弦波信号

7. 離散時間信号とシステム

【ポイント 7.1】周期性（離散時間信号） すべての k に対して

$$x(k) = x(k+N) \tag{7.6}$$

が成り立つような正数 N が存在するとき，離散時間信号 $x(k)$ は周期 N を持つ周期信号である。

式 (7.6) を満たせば，$x(k)$ は周期が $N, 2N, 3N, \cdots$ である周期信号にもなる。そこで，式 (7.6) を満たす最小の正数 N_0 を基本周期と呼ぶ。また

$$\omega_0 = \frac{2\pi}{N_0} \tag{7.7}$$

を基本角周波数という。

離散時間正弦波信号の周期性については，次項の複素指数信号（これは正弦波信号の一般的な表現である）で詳しく述べる。

例題 7.1 図 7.2 に示す離散時間信号の基本角周波数を求めよ。

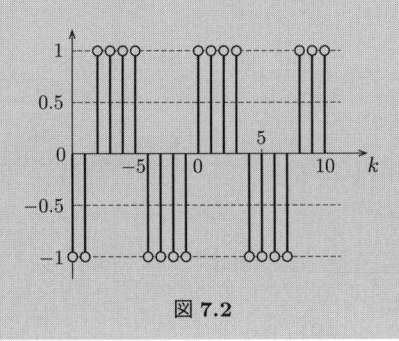

図 7.2

【解答】 図より，$N_0 = 8$ なので

$$\omega_0 = \frac{2\pi}{8} = \frac{\pi}{4}$$

である。

7.1.2 複素指数信号

(1) 複素指数信号の波形 正弦波信号を一般化したものが,次式で与える離散時間**複素指数信号** $x(k)$ である。

$$x(k) = C\alpha^k \tag{7.8}$$

一般に C と α は複素数である。$\alpha = e^{\beta}$ とおくと,式 (7.8) をつぎのように書き直すことができる。

$$x(k) = Ce^{\beta k} \tag{7.9}$$

この場合,$\alpha > 0$ である。

C と α が実数か複素数かによって場合分けできるので,それぞれについて以下で考えていこう。まず

$$x(k) = C\alpha^k$$

において,C と α がともに実数のときについて考える。このとき,α の大きさによって,つぎの四つに分類できる。

(a) $\alpha > 1$
(b) $0 < \alpha < 1$
(c) $-1 < \alpha < 0$
(d) $\alpha < -1$

(a)〜(d) に対応する波形を図 **7.3** に示す。

$|\alpha| > 1$ のとき,複素指数信号は時間 k とともに指数的に増加するので,指数的増加信号と呼ばれる。一方,$|\alpha| < 1$ のとき,複素指数信号は k とともに指数的に減衰するので,指数的減衰信号と呼ばれる。また,α が正のときには,複素指数信号はつねに正の値をとり,逆に α が負のときには,複素指数信号は正負の値を交互にとり,振動的な波形になる。

つぎに,β が純虚数,すなわち $\beta = j\omega_0$ の場合には

$$x(k) = e^{j\omega_0 k} \tag{7.10}$$

(a) 1.2^k

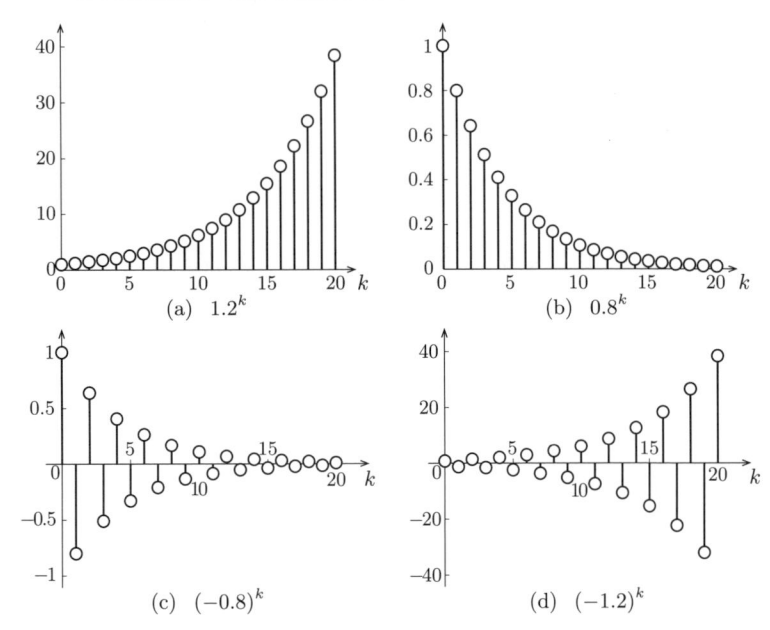

(b) 0.8^k

(c) $(-0.8)^k$

(d) $(-1.2)^k$

図 **7.3** 離散時間実指数信号

と記述できる（簡単のため $C=1$ とした）。

オイラーの関係式を用いると，式 (7.10) は

$$e^{j\omega_0 k} = \cos\omega_0 k + j\sin\omega_0 k \tag{7.11}$$

となる。これより，連続時間信号の場合と同様に，式 (7.10) の複素指数信号は，同じ基本角周波数 ω_0 を持つ正弦波信号 $\{\cos\omega_0 k, \sin\omega_0 k\}$ を用いて記述できる。したがって，複素指数信号は正弦波信号を含む，より一般的な信号であることがわかる。

例題 7.2 オイラーの関係式を用いて，次式を導出せよ。

(1) $A\cos(\omega_0 k + \phi) = \dfrac{A}{2}e^{j\phi}e^{j\omega_0 k} + \dfrac{A}{2}e^{-j\phi}e^{-j\omega_0 k}$

(2) $A\cos(\omega_0 k + \phi) = A \cdot \mathrm{Re}\{e^{j(\omega_0 k + \phi)}\}$

7.1 離散時間信号

【解答】 オイラーの関係式より

$$\cos\theta = \frac{1}{2}\left(e^{j\theta} + e^{-j\theta}\right)$$

が得られ，これを用いることにより (1) は導出できる。(2) はオイラーの関係式よりただちに導かれる。　　◇

最後に，C と α がともに複素数の場合には，それらを極座標表現

$$C = |C|e^{j\theta}, \quad \alpha = |\alpha|e^{j\omega_0} \tag{7.12}$$

することにより

$$\begin{aligned}
x(k) &= C\alpha^k \\
&= |C||\alpha|^k e^{j(\omega_0 k + \theta)} \\
&= |C||\alpha|^k \cos(\omega_0 k + \theta) + j|C||\alpha|^k \sin(\omega_0 k + \theta)
\end{aligned} \tag{7.13}$$

が得られる。離散時間複素指数信号の実部の例を図 **7.4** に示す。

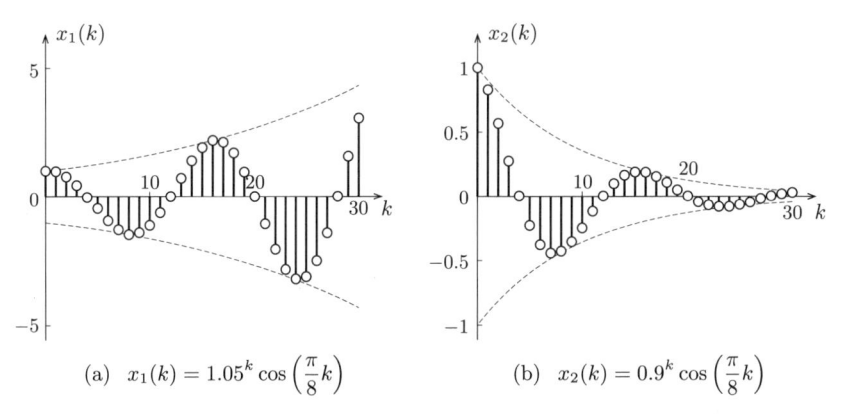

(a) $x_1(k) = 1.05^k \cos\left(\frac{\pi}{8}k\right)$ 　　(b) $x_2(k) = 0.9^k \cos\left(\frac{\pi}{8}k\right)$

図 **7.4** 離散時間複素指数信号の実部の例

（2） 複素指数信号の周期性　　つぎに，離散時間複素指数信号 $x(k) = e^{j\omega_0 k}$ の周期性について詳しく調べる。その前に，連続時間複素指数信号の周期性に関する性質を復習しておこう。

> 【ポイント7.2】連続時間複素指数信号 $x(t) = e^{j\omega_0 t}$ の周期性の性質
> 性質1： ω_0 が増加するにつれて，信号 $x(t)$ の振動数も増加する。
> 性質2： 信号 $x(t)$ は任意の ω_0 に対して周期的になる。

ここで，**振動数**とは1秒間に振動する回数である。これらの性質は連続時間複素指数信号の場合には自明であったが，離散時間複素指数信号 $x(k) = e^{j\omega_0 k}$ の場合にはどのようになるだろうか。

まず，性質1について考えよう。角周波数が $\omega_0 + 2\pi$ の離散時間複素指数信号を考えると，この信号は

$$e^{j(\omega_0 + 2\pi)k} = e^{j2\pi k}e^{j\omega_0 k} = e^{j\omega_0 k} \tag{7.14}$$

のように変形でき，角周波数が ω_0 の複素指数信号と同一になる。これは，オイラーの関係式より，単位円上を1周すると（すなわち，2π 回ると），もとの点に戻ってしまうことより明らかである。

この事実から，角周波数 ω_0 の複素指数信号と角周波数 $\omega_0 + 2n\pi$, $n = \pm 1, \pm 2, \cdots$ の複素指数信号は同一になる。したがって，離散時間複素指数信号に対しては，長さ 2π の区間のみを考えればよいことがわかる。$0 \leq \omega_0 < 2\pi$ あるいは $-\pi \leq \omega_0 < \pi$ の区間が選ばれることが多く，以下では断らない限り $0 \leq \omega_0 < 2\pi$ の範囲を考える。

また，連続時間の場合と異なり，この範囲 $0 \leq \omega_0 < 2\pi$ において ω_0 を増加させていっても，振動数は単調に増加するわけではない。すなわち，0から π の範囲では振動数は増加するが，π から 2π の範囲では逆に減少し，$\omega_0 = 2\pi$ のとき $\omega_0 = 0$ と同一の波形になる。このことを確認するために，離散時間正弦波

$$x(k) = \cos \omega k$$

の波形，すなわち振動数の変化の様子を**図7.5**に示す。ただし，振動数は $\omega = \pi l/4$, $l = 0, 1, \cdots, 8$ とおいた。図より，ω が0から π に増加するときに振動

7.1 離散時間信号

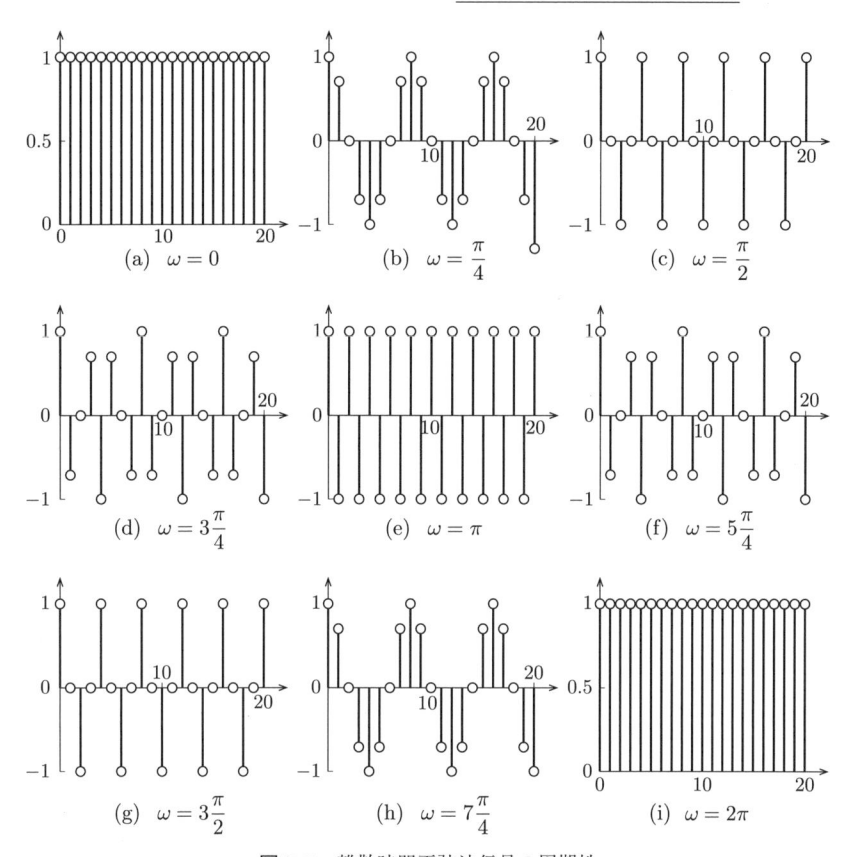

図 7.5 離散時間正弦波信号の周期性

数は増加し，ω が π から 2π に増加するときに振動数は減少することがわかる．また，図の (a) と (i)，(b) と (h)，(c) と (g)，(d) と (f) はそれぞれ同じ波形になっている．したがって，離散時間正弦波信号の場合，ω の範囲として，0 から π の部分のみを考えれば十分であることがわかる．

つぎに，性質 2 について考える．離散時間信号 $e^{j\omega_0 k}$ が周期 N (>0) の周期信号になるためには，ポイント 7.1 で与えた周期性の定義より，次式が成り立たなくてはならない．

$$e^{j\omega_0(k+N)} = e^{j\omega_0 k} \iff e^{j\omega_0 N} = 1 \iff \omega_0 N = 2\pi m \qquad (7.15)$$

ただし，m は整数である。したがって，ω_0 は次式を満たさなければならない。

$$\frac{\omega_0}{2\pi} = \frac{m}{N} \tag{7.16}$$

これより，つぎのポイントを得る。

【ポイント 7.3】離散時間複素指数信号 $x(k) = e^{j\omega_0 k}$ の周期性

離散時間複素指数信号 $e^{j\omega_0 k}$ は，$\omega_0/2\pi$ が有理数のときに限り，周期的になる。

このポイント 7.3 より，任意の ω_0 に対して $e^{j\omega_0 k}$ は周期的にはならない点に注意する。これは，連続時間の場合と大きく異なる点である。例えば，図 7.1 (a) に示した正弦波信号は周期 12 で周期的であり，図 7.1 (b) に示したものは周期 21 で周期的である。しかしながら，図 7.1 (c) の信号は一見すると周期的であるが，$\omega_0 = 1/3$ であるため周期的ではない。

$e^{j\omega_0 k}$ が周期的であれば，その基本周期は

$$N = \frac{2\pi m}{\omega_0} \tag{7.17}$$

で与えられる。ただし，m と N はたがいに素とする。また，基本角周波数は ω_0/m で与えられる。

以上で述べた連続時間複素指数信号の性質と，離散時間複素指数信号の性質との比較を**表 7.1** にまとめる。

表 7.1 連続時間複素指数信号 $e^{j\omega_0 t}$ と離散時間複素指数信号 $e^{j\omega_0 k}$ の比較

	連続時間複素指数信号 $e^{j\omega_0 t}$	離散時間複素指数信号 $e^{j\omega_0 k}$
性質	異なる ω_0 に対して異なる信号になる	2π 離れた周波数で同一の信号になる
周期性	任意の ω_0 に対して周期的になる	ある整数 $N > 0$ と，それと共通因子を持たない整数 m に対して，$\omega_0 = 2\pi m/N$ を満たすとき，周期的になる
基本角周波数	ω_0	ω_0/m
基本周期	$2\pi/\omega_0$	$2\pi m/\omega_0$

例題 7.3 つぎの三つの離散時間信号の基本周期を求めよ。
(1) $x_1(k) = \cos(0.2\pi k)$
(2) $x_2(k) = \cos(6\pi k)$
(3) $x_3(k) = \cos\left(\dfrac{6\pi k}{35}\right)$

【解答】 (1) 10　(2) 1　(3) 35

【ポイント 7.4】調和関係にある離散時間複素指数信号

離散時間複素指数信号

$$\phi_n(k) = e^{j\frac{2\pi n}{N}k}, \quad k = 0, \pm 1, \pm 2, \cdots \tag{7.18}$$

を考える。連続時間と異なり，離散時間の場合には

$$\phi_{n+N}(k) = e^{j(n+N)\frac{2\pi}{N}k} = e^{j2\pi k}e^{j\frac{2\pi n}{N}k} = \phi_n(k) \tag{7.19}$$

という周期 N の周期性が存在するため，例えば

$$\{\phi_0(k), \phi_1(k), \cdots, \phi_{N-1}(k)\} \tag{7.20}$$

なる N 個を考え，これを調和関係にある離散時間複素指数信号と呼ぶ。

ポイント 7.4 より，連続時間の場合には調和関係にある複素指数信号は無限個存在していたが（ポイント 1.4 参照），離散時間の場合には有限個しか存在しないことがわかる。

7.1.3 基本的な離散時間信号

連続時間信号の場合と同様に，基本的な離散時間信号を与えよう。

（1）単位インパルス信号　まず，時間 $k = 0$ でのみ大きさ 1 を持つ信号を単位インパルス信号 $\delta(k)$ と呼び，次式で定義する。

$$\delta(k) = \begin{cases} 1, & k=0 \\ 0, & k \neq 0 \end{cases} \tag{7.21}$$

図 **7.6** に単位インパルス信号を示す。単位インパルス信号は**単位サンプル**（unit sample）とも呼ばれる。

連続時間の場合とは違い，離散時間ではディラックのデルタ関数のような超関数の概念を使うことなく，単位インパルス信号を自然に定義できる点が重要である。したがって，離散時間のほうが単位インパルス信号の数学的な取り扱いが容易になり，しかも直観的にわかりやすい。

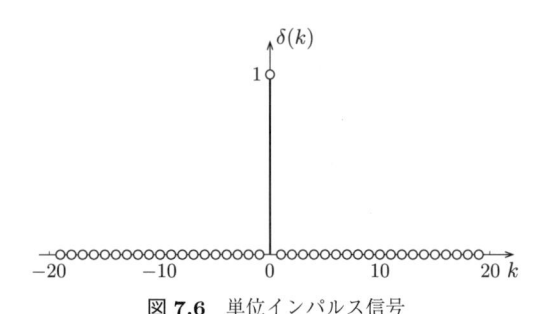

図 **7.6** 単位インパルス信号

連続時間の場合と同様に，$\delta(k)$ はつぎの性質を持つ。

【ポイント **7.5**】単位インパルス信号の性質

性質 1： 単位インパルス信号は単位面積を持つ。すなわち

$$\sum_{k=-\infty}^{\infty} \delta(k) = 1 \tag{7.22}$$

性質 2： 任意の信号 $x(k)$ に対して次式が成り立つ。

$$x(k)\delta(k) = x(0)\delta(k) \tag{7.23}$$

$$x(k)\delta(k-n) = x(n)\delta(k-n) \tag{7.24}$$

特に性質 2 は線形システムの入出力関係を表現する際に重要である。

(2) 単位ステップ信号　　正の時間において大きさ 1 を持つ信号を**単位ステップ信号** $u_s(k)$ と呼び，次式で定義する。

$$u_s(k) = \begin{cases} 0, & k < 0 \\ 1, & k \geqq 0 \end{cases} \tag{7.25}$$

図 **7.7** に単位ステップ信号を示す。単位インパルス信号と単位ステップ信号は，次式のように差分・和分の関係で結ばれている。

$$\delta(k) = u_s(k) - u_s(k-1) \tag{7.26}$$

$$u_s(k) = \sum_{m=-\infty}^{k} \delta(m) = \sum_{n=0}^{\infty} \delta(k-n) \tag{7.27}$$

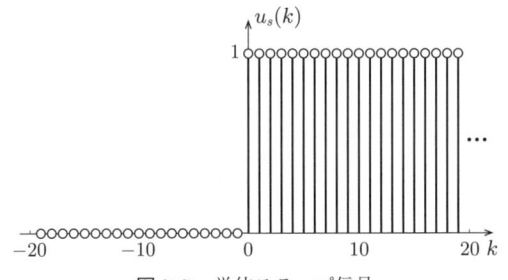

図 7.7　単位ステップ信号

(3) 単位ランプ信号と単位加速度信号　　**単位ランプ信号** $r(k)$ とは，正の時間において 1 次関数となる信号のことであり，次式で定義される。

$$r(k) = \begin{cases} 0, & k < 0 \\ k, & k \geqq 0 \end{cases} \tag{7.28}$$

図 **7.8** に単位ランプ信号を示す。

また，**単位加速度信号** $a(k)$ とは，正の時間において 2 次関数となる信号のことであり，次式で定義される。

$$a(k) = \begin{cases} 0, & k < 0 \\ k^2, & k \geqq 0 \end{cases} \tag{7.29}$$

図 **7.9** に単位加速度信号を示す。

図 7.8 単位ランプ信号

図 7.9 単位加速度信号

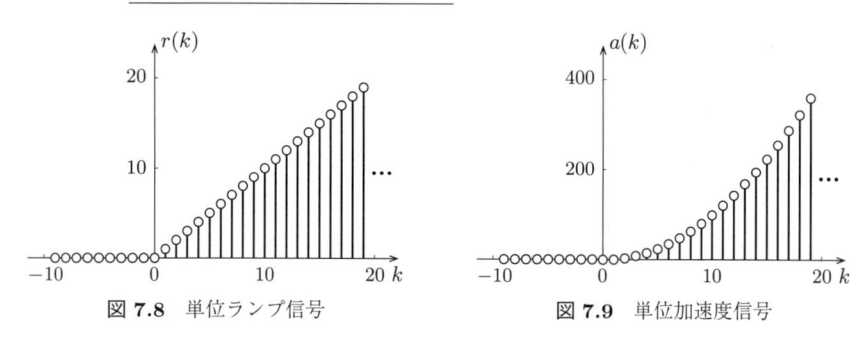

7.2 信号の分解と操作

7.2.1 信号の分解

連続時間信号のときと同じように,つぎのように任意の信号を分解することができる。

【ポイント 7.6】離散時間信号の偶奇分解　任意の離散時間信号 $x(k)$ は,偶信号成分（$x_e(k)$ とする）と奇信号成分（$x_o(k)$）の和に分解できる。

$$x(k) = x_e(k) + x_o(k) \tag{7.30}$$

ただし

$$x_e(k) = \frac{1}{2}\left(x(k) + x(-k)\right) \tag{7.31}$$

$$x_o(k) = \frac{1}{2}\left(x(k) - x(-k)\right) \tag{7.32}$$

である。

例題 7.4　単位ステップ信号 $u_s(k)$ を偶奇分解せよ。

【解答】　図 7.10 に分解の様子を示す。

図 7.10

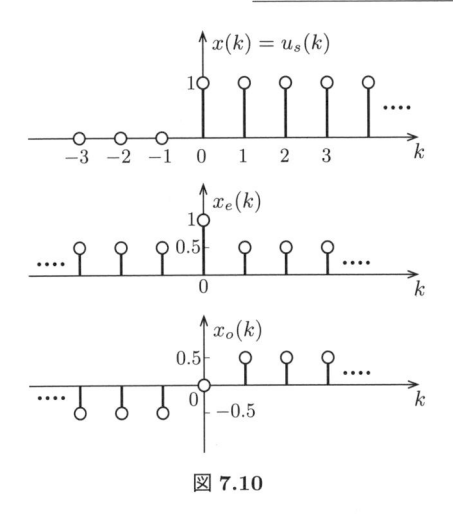

7.2.2 信号の操作

連続時間信号のときと同様に，離散時間信号に対していろいろな操作を施すことができる．ここでは例題を通してそれらを見ていこう．

例題 7.5（信号の反転） 図 7.11 の離散時間信号 $x(k)$ を反転した信号 $x(-k)$ を図示せよ．

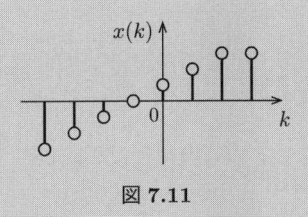

図 7.11

【解答】 図 7.12 に $x(-k)$ を示す．

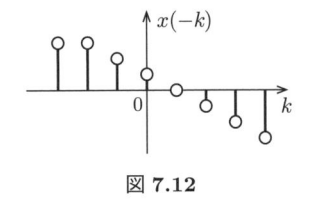

図 7.12

例題 7.6（時間軸推移） 図 7.13 の離散時間信号 $x(k)$ に対して，l だけ時間軸推移した信号 $x(k-l)$ を，$l>0$ のときと $l<0$ のときについて図示せよ。

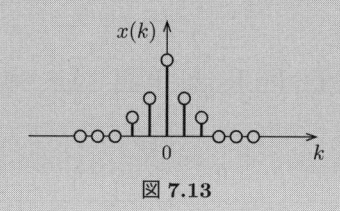

図 7.13

【解答】 図 7.14 に時間軸推移した信号を示す。図 (a) は $l>0$ のとき，すなわち信号が遅れている（lag）ときで，図 (b) は $l<0$ のとき，すなわち信号が進んでいる（lead）ときである。

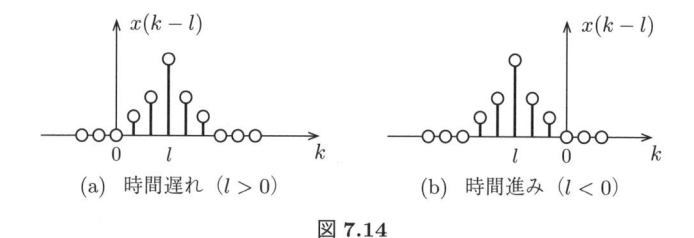

(a) 時間遅れ $(l>0)$ (b) 時間進み $(l<0)$

図 7.14

例題 7.7 図 7.15 に示す信号 $x(k)$ に対して，つぎの信号を描け。

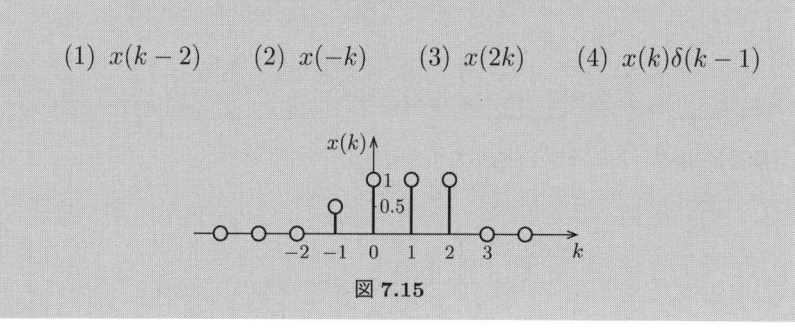

(1) $x(k-2)$　　(2) $x(-k)$　　(3) $x(2k)$　　(4) $x(k)\delta(k-1)$

図 7.15

【解答】 それぞれの信号を図 7.16 に示す。

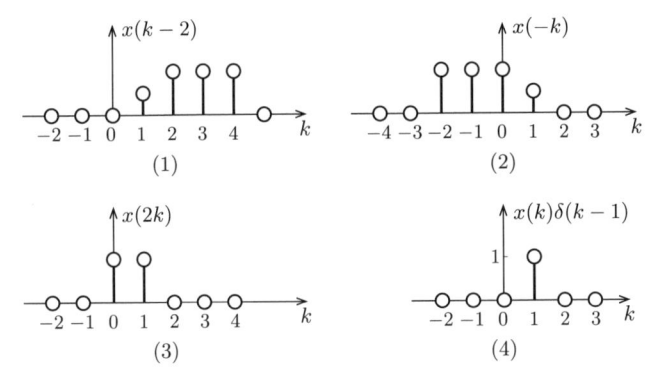

図 **7.16**

例題 **7.8** つぎの信号を描け。

$$x(k) = u_s(k) - u_s(k-2)$$

【解答】 $x(k)$ を図 **7.17** に示す。

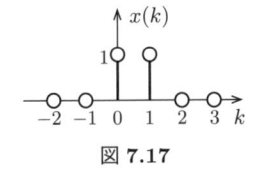

図 **7.17**

7.3 離散時間 LTI システム

本節では，離散時間 LTI システムに単位インパルス信号 $u_s(k)$ を印加したときの応答，すなわち**インパルス応答**によって離散時間 LTI システムを特徴づける方法を与える。

7.3.1 離散時間信号の表現

まず，図 **7.18** (a) に示す離散時間信号 $x(k)$ について考える。$x(k)$ は，図 7.18 (b)〜(d) に示す三つの信号，すなわち，時間軸推移され，その時間での信号の値によってスケーリングされた単位インパルス信号 $\{x(0)\delta(k), x(1)\delta(k-1), x(2)\delta(k-2)\}$ の和に分解することができる。これらの信号を具体的に書くとつぎのようになる。

$$x(0)\delta(k) = \begin{cases} x(0), & k = 0 \\ 0, & k \neq 0 \end{cases}$$

$$x(1)\delta(k-1) = \begin{cases} x(1), & k = 1 \\ 0, & k \neq 1 \end{cases}$$

$$x(2)\delta(k-2) = \begin{cases} x(2), & k = 2 \\ 0, & k \neq 2 \end{cases}$$

したがって，もとの離散時間信号 $x(k)$ は

$$x(k) = x(0)\delta(k) + x(1)\delta(k-1) + x(2)\delta(k-2) \tag{7.33}$$

のように記述することができる。

以上の事実を一般化すると，任意の離散時間信号 $x(k)$ は

$$x(k) = \cdots + x(-2)\delta(k+2) + x(-1)\delta(k+1) + x(0)\delta(k)$$

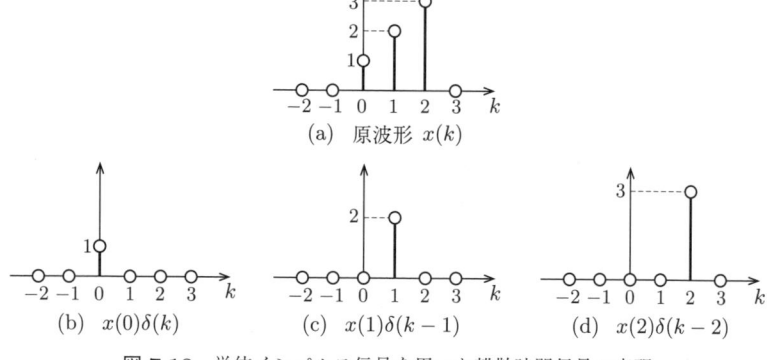

図 **7.18** 単位インパルス信号を用いた離散時間信号の表現

$$+ x(1)\delta(k-1) + x(2)\delta(k-2) + \cdots$$
$$= \sum_{n=-\infty}^{\infty} x(n)\delta(k-n) \tag{7.34}$$

のように表現できる．このように，離散時間信号 $x(k)$ を表現することを，離散時間単位インパルス信号の**ふるい特性**という．式 (7.34) より，$x(k)$ は時間軸推移された単位インパルス信号 $\delta(k-n)$ の線形結合で表現できる．ここで，この線形結合の重みは $x(n)$ である．

式 (7.34) にならうと，例えば単位ステップ信号は

$$u_s(k) = \sum_{n=0}^{\infty} \delta(k-n) \tag{7.35}$$

のように表現することができる．

7.3.2　インパルス応答による離散時間 LTI システムの表現

式 (7.34) で記述された信号 $x(k)$ を離散時間 LTI システムへ印加したときの応答 $y(k)$ を求めよう．

いま対象とするシステムは線形なので，重ね合わせの理から式 (7.34) 右辺のそれぞれの要素に対するシステムの応答を計算して総和をとることにより，$y(k)$ を計算することができる．

入力 $\delta(k-n)$ に対するシステムの応答を $h(k-n)$ とし，これを**インパルス応答**と呼ぶことにする．ここで，システムの特性（具体的にはインパルス応答）が時間によって変化しないという，システムの**時不変性**を仮定した．

すると，入力 $x(k)$ に対する離散時間 LTI システムの出力は

$$y(k) = \cdots + x(-2)h(k+2) + x(-1)h(k+1) + x(0)h(k)$$
$$+ x(1)h(k-1) + x(2)h(k-2) + \cdots \tag{7.36}$$

となり，これはつぎのように総和を使って記述することができる．

$$y(k) = \sum_{n=-\infty}^{\infty} x(n)h(k-n) = \sum_{n=-\infty}^{\infty} h(n)x(k-n) \tag{7.37}$$

これが離散時間 LTI システムの入出力関係を記述する式である。離散時間 LTI システムは **LSI**（linear shift-invariant; 線形シフト不変）システムとも呼ばれる。

式 (7.37) 右辺の演算を**たたみ込み和**（convolution sum），あるいは単に**たたみ込み**（convolution）といい，式 (7.37) をつぎのように簡単に表記することもある。

$$y(k) = x(k) * h(k) = h(k) * x(k) \tag{7.38}$$

以上より，連続時間 LTI システムのときと同様に，つぎのポイントを得る。

【ポイント 7.7】インパルス応答　任意の離散時間 LTI システムは，そのインパルス応答によって一意的に特徴づけられる。

例題を通して，このポイントの理解を深めていこう。

例題 7.9　インパルス応答が

$$h(k) = \alpha^{k-1} u_s(k-1), \quad 0 < \alpha < 1 \tag{7.39}$$

である離散時間 LTI システムに，単位ステップ信号 $u_s(k)$ を印加した場合について，以下の問に答えよ。

(1) このシステムのインパルス応答 $h(k)$ を図示せよ。
(2) システムの出力 $y(k)$ を計算し，その概形を図示せよ。
(3) $\alpha = 0.6$ とした場合の $y(k)$ の定常値を求めよ。

【解答】
(1) インパルス応答 $h(k)$ を図 **7.19** に示す。

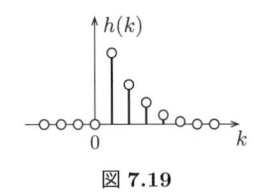

図 **7.19**

(2) たたみ込み $y(k) = \sum_{n=-\infty}^{\infty} x(n)h(k-n)$ を計算するために，横軸を n としたグラフに $x(n)$ と $h(k-n)$ を描くと，図 7.20 の上図と中図が得られる。図において $x(k) = u_s(k)$ である。(i) として $k \geqq 1$ の場合を，(ii) として $k \leqq 0$ の場合を図示している。$k \leqq 0$ の場合に $x(n)h(k-n) = 0$ となることは図 7.20 の下図より明らかであり，図の結果を式に表すと，つぎのようになる。

$$x(n)h(k-n) = \begin{cases} \alpha^{k-n-1}, & k \geqq 1 \text{ のとき，} n = 0, 1, \cdots, k-1 \\ 0, & k \leqq 0 \text{ のとき} \end{cases} \quad (7.40)$$

よって，$k \geqq 1$ のとき，出力応答は次式で与えられる。

$$y(k) = \sum_{n=0}^{k-1} \alpha^{k-n-1} = \sum_{n=0}^{k-1} \alpha^n = \frac{1-\alpha^k}{1-\alpha} \quad (7.41)$$

さらに，すべての k に対しては，次式が成り立つ。

$$y(k) = \left(\frac{1-\alpha^k}{1-\alpha}\right) u_s(k-1) \quad (7.42)$$

図 7.21 に得られた $y(k)$ を示す。

(3) $y(k)$ の定常値とは，時間 k が無限大に向かうときの出力の値であり，$y(\infty)$ とおく。これは，等比級数の無限和の公式から

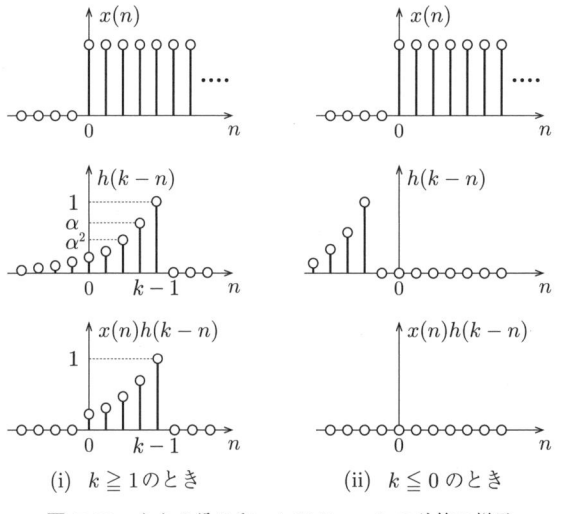

(i) $k \geqq 1$ のとき　　　(ii) $k \leqq 0$ のとき

図 **7.20** たたみ込み和 $x(n)h(k-n)$ の計算の様子

図 **7.21**

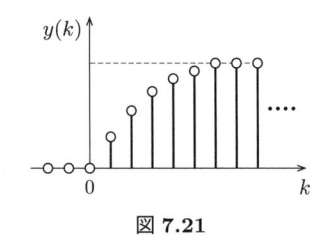

$$y(\infty) = \frac{1}{1-\alpha} = \frac{1}{1-0.6} = 2.5 \tag{7.43}$$

となる。

◇

この例題を用いて，重ね合わせの理を確認してみよう。式 (7.35) より，単位ステップ信号 $u_s(k)$ は単位インパルス信号の時間軸推移した要素の和であると考えられるので，それらの要素が一つずつ LTI システムに入力されたものとして，それらに対応する応答の和を計算してみる。この計算の様子を図 **7.22** に示す。

さて，例題 7.9 の式 (7.41) において，有限等比数列の和の公式を，そして式 (7.43) において無限等比級数の和の公式を利用した。これらの公式は高等学校の数学の範囲であるが，離散時間信号とシステムを扱う際にしばしば利用する，非常に重要な公式である。そこで，等比数列の和の公式について，つぎのポイントで復習しておこう。

【ポイント **7.8**】等比級数の和　　初項 a，公比 r の等比数列 $\{a, ar, ar^2, \cdots\}$ の和はつぎのようになる。

(1) 有限数列の場合

$$\sum_{n=0}^{N-1} ar^n = \frac{a(1-r^N)}{1-r}, \quad r \neq 1 \tag{7.44}$$

(2) 無限数列の場合

$$\sum_{n=0}^{\infty} ar^n = \frac{a}{1-r}, \quad |r| < 1 \tag{7.45}$$

7.3 離散時間 LTI システム

(1) まず，単位ステップ信号を，時間軸推移した単位インパルス信号に分解する．

(2) つぎに，それぞれの時間軸推移した単位インパルス信号を独立にシステムに入力し，それらに対応する時間推移軸したインパルス応答を計算する．

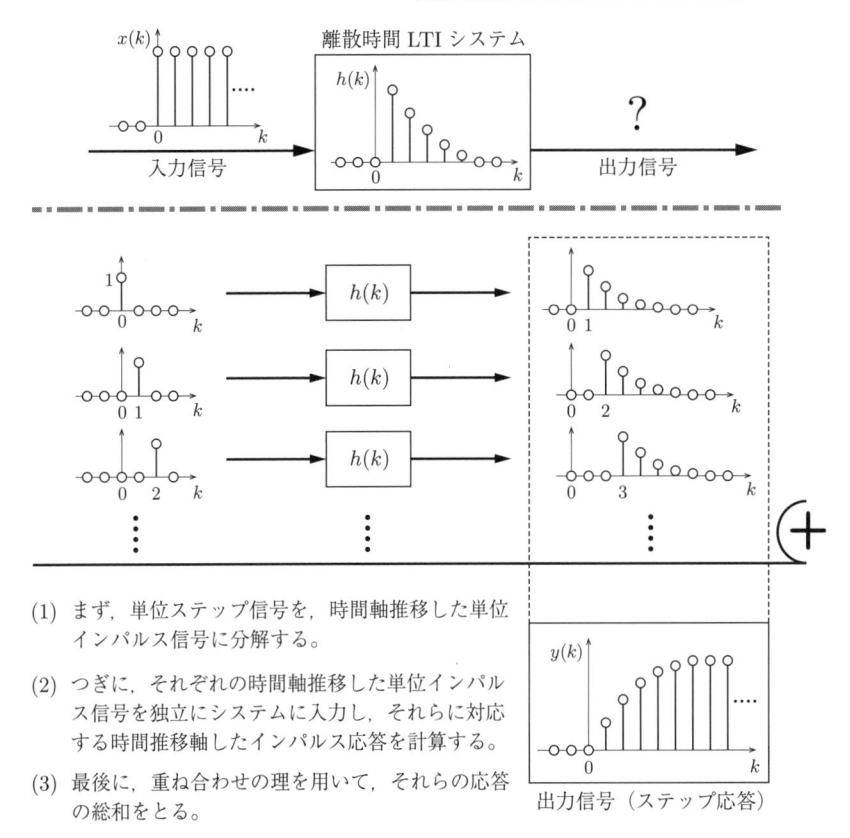

(3) 最後に，重ね合わせの理を用いて，それらの応答の総和をとる．

図 7.22　重ね合わせの理の解釈

例題 7.9 では入力として単位ステップ信号を用いたが，このときの応答を**単位ステップ応答**という．いま，単位ステップ応答を $c(k)$ で表すと

$$c(k) = h(k) * u_s(k) \tag{7.46}$$

となる．式 (7.35) を用いると

$$c(k) = \sum_{n=-\infty}^{k} h(n) \tag{7.47}$$

が得られる．

一方，式 (7.47) の階差数列をとると

$$h(k) = c(k) - c(k-1) \tag{7.48}$$

が得られる。よって，インパルス応答とステップ応答は，それぞれ和分と差分の関係で結ばれている。したがって，ステップ応答によっても LTI システムを一意的に特徴づけることができる。

例題 7.10 例題 7.9 のインパルス応答 $h(k)$ を持つ LTI システムに

$$x(k) = u_s(k) - u_s(k-11)$$

を入力した場合，以下の問に答えよ。

(1) 入力信号 $x(k)$ を図示せよ。
(2) システムの出力 $y(k)$ を計算し，その概形を図示せよ。

【解答】
(1) $x(k)$ を図 **7.23** (a) に示す。
(2) $y(k)$ の波形を図 7.23 (b) に示す。

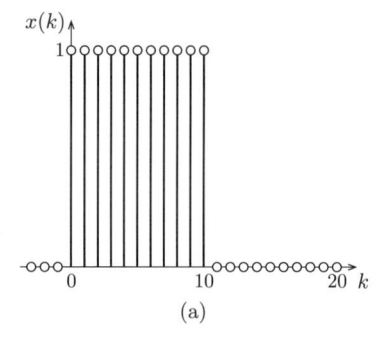

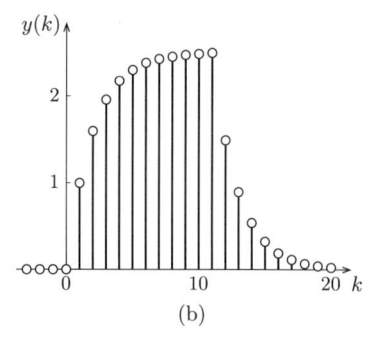

図 **7.23**

7.4 本章のポイント

- 離散時間信号特有の性質（周期性と周波数）を理解すること。
- 基本的な離散時間信号の性質を理解すること。
- たたみ込みを用いた離散時間 LTI システムの記述を習得すること。

8 z 変換

　5 章で説明した連続時間信号に対するラプラス変換は，3 章の連続時間フーリエ変換を，より広いクラスの信号に適用できるように拡張したものであった。というのは，基本的に定常解析のツールであるフーリエ変換に対して，ラプラス変換では過渡状態の解析まで行うことができるからである。そのため，アナログ電気回路や連続時間制御システムの設計や解析において，ラプラス変換は強力なツールとなった。

　本書では，紙面の制約から離散時間フーリエ変換の詳細な解説を行わないが，離散時間フーリエ変換についても連続時間の場合と同様な拡張を行うことができ，その結果得られるものが本章で述べる z 変換である（図 **8.1** 参照）。したがって，z 変換とは離散時間系におけるラプラス変換であるとイメージすればよい。

連続時間フーリエ変換	拡張	ラプラス変換
離散時間フーリエ変換	拡張	z 変換

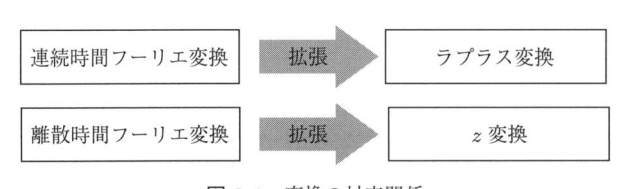

図 **8.1**　変換の対応関係

8.1　z 変換と収束領域

　まず，z 変換（z transform）の定義を与えよう。

8. z 変 換

【ポイント 8.1】 z **変換**　離散時間信号 $x(k)$ の z 変換を $X(z)$ とおき，次式で定義する。

$$X(z) = \mathcal{Z}[x(k)] = \sum_{k=-\infty}^{\infty} x(k) z^{-k} \tag{8.1}$$

ただし，z は複素変数である。

$x(k)$ と $X(z)$ は z **変換対**と呼ばれる。

参考のために，離散時間フーリエ変換について，結果のみを以下にまとめておこう。

【ポイント 8.2】離散時間フーリエ変換　離散時間信号 $x(k)$ が絶対値総和可能，すなわち

$$\sum_{k=-\infty}^{\infty} |x(k)| < \infty \tag{8.2}$$

であるとき，$x(k)$ の離散時間フーリエ変換は次式で与えられる。

$$X(\omega) = \sum_{k=-\infty}^{\infty} x(k) e^{-j\omega k} \tag{8.3}$$

このとき，$X(\omega)$ を $x(k)$ の**スペクトル**といい，これは周波数 ω の複素関数である。連続時間の場合と同様に，$|X(\omega)|$ を**振幅スペクトル**，$\angle X(\omega)$ を**位相スペクトル**，$|X(\omega)|^2$ を**パワースペクトル**という。

いま，$z = e^{j\omega}$（ただし，ω は実数），すなわち大きさ 1 の複素変数に対しては，式 (8.1) 右辺は $x(k)$ のポイント 8.2 で与えた離散時間フーリエ変換に一致する。これよりつぎのポイントを得る。

> **【ポイント 8.3】** z 変換の意味　z 平面と呼ばれる複素平面内の $|z|=1$ という単位円上の z 変換は，離散時間フーリエ変換に一致する（z 平面上の単位円を図 8.2 に示す）。このように，離散時間フーリエ変換は z 変換の特殊な場合である。
>
> 図 8.2

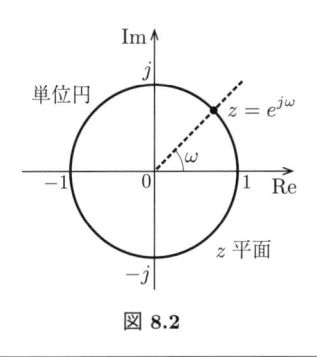

これは，連続時間の場合，s 平面の虚軸上（すなわち，$s = j\Omega$ 上であり，これは周波数軸とも呼ばれる[†]）のラプラス変換がフーリエ変換に対応していた事実の離散時間版とみなせる。すなわち，離散時間では単位円上が周波数軸になる（図 8.3 参照）。

このことについて，もう少し調べよう。いま，複素変数 z を極座標形式

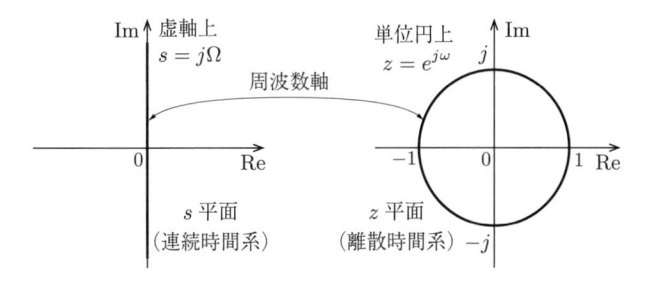

$$z = re^{j\omega} \tag{8.4}$$

図 8.3　連続時間系と離散時間系の周波数軸

[†] 本章では離散時間と連続時間の区別を明確にするために，連続時間での周波数を Ω と表記した。

で表現し，これを z 変換の定義式 (8.1) に代入すると

$$X(re^{j\omega}) = \sum_{k=-\infty}^{\infty} x(k)(re^{j\omega})^{-k} = \sum_{k=-\infty}^{\infty} \{x(k)r^{-k}\}e^{-jk\omega} \qquad (8.5)$$

が得られる。したがって，$X(re^{j\omega})$ は離散時間信号 $x(k)$ に実指数 r^{-k} を乗じたものの離散時間フーリエ変換であることがわかる。よって

$$X(re^{j\omega}) = \mathcal{F}[x(k)r^{-k}] \qquad (8.6)$$

となる。これより，$r=1$ のとき，z 変換は離散時間フーリエ変換に一致する。

さて，無限級数の和である z 変換が収束するためには，$x(k)r^{-k}$ のフーリエ変換が収束しなければならない。そこで，以下では z 変換が収束する領域（収束領域と呼ぶ）について，例題を通して考えよう。もしもこの収束領域が単位円を含んでいれば，その離散時間信号のフーリエ変換も収束する。

例題 8.1 つぎの離散時間信号の z 変換を求め，その収束領域を調べよ。

$$x(k) = a^k u_s(k) \qquad (8.7)$$

ただし，$u_s(k)$ は離散時間単位ステップ信号である。

【解答】 式 (8.7) を式 (8.1) に代入すると

$$X(z) = \sum_{k=-\infty}^{\infty} a^k u_s(k) z^{-k} = \sum_{k=0}^{\infty} (az^{-1})^k$$

が得られる。これは初項 1，公比 az^{-1} の無限等比数列の和なので，$X(z)$ が収束するためには，公比の大きさが 1 より小さくなければならない。すなわち，$|az^{-1}| < 1$ である。

したがって，この数列の収束領域は，$|z| > |a|$ となる。このとき，$X(z)$ は無限等比数列の公式より，つぎのようになる。

$$X(z) = \sum_{k=0}^{\infty} (az^{-1})^k = \frac{1}{1-az^{-1}} = \frac{z}{z-a}, \quad |z| > |a| \qquad (8.8)$$

このように，z 変換とは，無限等比数列の和を分数の形で表すことであると考えることもできる。

式 (8.8) より，z 変換は任意の有限な a の値に対して収束することは明らかである。このときの収束領域を図 **8.4** に示す。

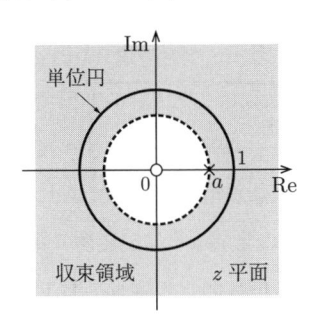

図 8.4 例題 8.1 の収束領域
(極：×，零点：○)

◇

この例で得られた式 (8.8) の z 変換は，ラプラス変換のときと同じように，z の有理関数，すなわち z の多項式の比の形で与えられた。したがって，分母多項式の根を**極**とし，分子多項式の根を**零点**とすると，信号を極と零点によって特徴づけることができる。例題 8.1 では，$z = 0$ に零点が一つ，$z = a$ に極が一つあり，図 8.4 においてそれぞれ○印と×印で示している。

さて，$x(k)$ のフーリエ変換は，$|a| < 1$ のときしか収束しない。なぜならば，$|a| > 1$ の場合には，図 8.4 において z 変換の収束領域は単位円を含まないからである。さらに，$a = 1$ の場合，$x(k)$ は単位ステップ信号になり，このときの z 変換は

$$X(z) = \frac{1}{1 - z^{-1}} = \frac{z}{z - 1}, \quad |z| > 1 \tag{8.9}$$

となる。

例題 8.1 で取り扱った離散時間信号は，次式のように記述でき，**右側系列**[†]と呼ばれる。

[†] 本書では，時系列というイメージを強調したいために「右側系列」という単語を用いているが，一般的な教科書では「右側数列」と表現される場合が多い。

$$X(z) = \sum_{k=N_1}^{\infty} x(k) z^{-k} \tag{8.10}$$

ただし，N_1 は非負の整数である。この例題は $N_1 = 0$ に対応する。ここで，$k < 0$ で 0 の値をとる右側系列のことを，5.1 節で定義した因果信号にならって**因果系列**と呼ぶこともある。以降の説明はすべて因果系列を対象とする。

例題 8.1 より，離散時間信号が指数関数的であれば，その z 変換は有理式になることがわかる。式 (8.1) の定義より，z 変換の線形性は明らかであるので[†]，系列 $x(k)$ が実あるいは複素指数関数の線形結合であれば，その z 変換 $X(z)$ は有理式になる。このことをつぎの例題で確かめよう。

例題 8.2 つぎの離散時間信号の z 変換を求め，その収束領域を調べよ。

$$x(k) = \left(0.5^k + 0.25^k\right) u_s(k) \tag{8.11}$$

【解答】 式 (8.11) を式 (8.1) に代入すると，次式が得られる。

$$\begin{aligned}
X(z) &= \sum_{k=-\infty}^{\infty} (0.5^k + 0.25^k) u_s(k) z^{-k} \\
&= \sum_{k=0}^{\infty} (0.5 z^{-1})^k + \sum_{k=0}^{\infty} (0.25 z^{-1})^k \\
&= \frac{1}{1 - 0.5 z^{-1}} + \frac{1}{1 - 0.25 z^{-1}} = \frac{2 - 0.75 z^{-1}}{(1 - 0.5 z^{-1})(1 - 0.25 z^{-1})} \\
&= \frac{z(2z - 0.75)}{(z - 0.5)(z - 0.25)}
\end{aligned} \tag{8.12}$$

このとき，式 (8.12) の $X(z)$ が収束するための収束領域は

$$|0.5 z^{-1}| < 1 \quad \text{かつ} \quad |0.25 z^{-1}| < 1$$

となる。したがって，$|z| > 0.5$ となる。収束領域を**図 8.5** に示す。極と零点の配置もあわせて図中に示した。この例では，極は $z = 0.25, 0.5$ の 2 点であり，零点は $z = 0, 0.375$ の 2 点である。

[†] 連続時間の場合のフーリエ変換やラプラス変換も線形性を有していたことを思い出そう。

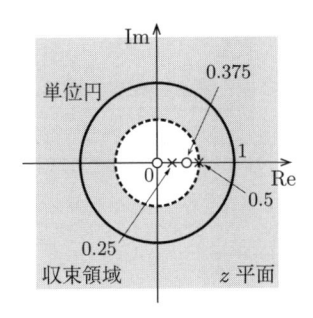

図 **8.5** 例題 8.2 の収束領域
(極：×，零点：○)

例題 8.3 離散時間信号

$$x(k) = \begin{cases} b^k, & 0 \leq k \leq N-1 \text{ のとき} \\ 0, & \text{その他} \end{cases} \quad (8.13)$$

の z 変換 $X(z)$ を求め，その収束領域を調べよ．また，$N=8$ のとき，$X(z)$ の極と零点の配置を示せ．ただし，$b>0$ とする．

【解答】 z 変換の公式を用いて計算すると

$$\begin{aligned} X(z) &= \sum_{k=0}^{N-1} b^k z^{-k} = \sum_{k=0}^{N-1} (bz^{-1})^k \\ &= \frac{1-(bz^{-1})^N}{1-bz^{-1}} \\ &= \frac{1}{z^{N-1}} \frac{z^N - b^N}{z-b} \end{aligned} \quad (8.14)$$

が得られる．この系列は有限長であるので，必ず系列の和は存在する．よって，収束領域は z 平面全域である．このとき，$z=\infty$ は収束領域に含まれるが，$z=0$ には極が存在するため，この点は収束領域に含まれないことに注意する．

つぎに，$X(z)$ の極と零点について調べよう．まず，明らかに $z=0$ に $(N-1)$ 個の重極を持つ．また

$$\frac{z^N - b^N}{z-b} = z^{N-1} + bz^{N-2} + b^2 z^{N-3} + \cdots + b^{N-2} z + b^{N-1}$$

なので，N 個の零点は次式で与えられる．

$$z_k = be^{j2\pi k/N}, \quad k = 1, 2, \cdots, N-1 \tag{8.15}$$

例として，$N = 8$ の場合の極と零点の配置を図 **8.6** に示す．

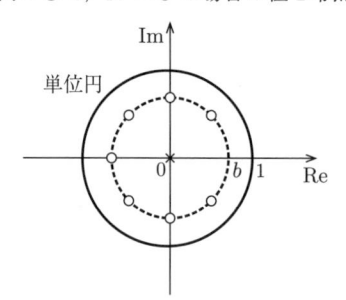

図 **8.6** 例題 8.3 の $X(z)$ の極と零点の配置（極：×，零点：〇，$N = 8$）

◇

例題 8.3 のように

$$X(z) = \sum_{k=N_1}^{N_2} x(k)z^{-k}, \quad \text{ただし，} N_1 \text{ と } N_2 \text{ は有限の整数} \tag{8.16}$$

で与えられる系列のことを**有限長系列**という．また，有限長系列は，ディジタル信号処理の FIR（finite impulse response）フィルタに対応する．

つぎに，基本的な離散時間信号の z 変換について，例題を通して見ていこう．

例題 8.4 つぎの離散時間信号の z 変換を求めよ．

(1) $x_1(k) = \delta(k)$

(2) $x_2(k) = \delta(k-2)$

(3) $x_3(k) = 5\delta(k-2) + 3\delta(k+4)$

【解答】 z 変換の定義と単位インパルス信号の性質より，それぞれつぎのようになる．

(1) $X_1(z) = 1$

(2) $X_2(z) = z^{-2}$

(3) $X_3(z) = 5z^{-2} + 3z^4$

例題 8.5 つぎの離散時間信号の z 変換を求めよ．また，極を求めて z 平面上に図示せよ．

(1) $x(k) = \sin\omega_0 k \cdot u_s(k)$ 　　(2) $y(k) = k \cdot u_s(k)$

【解答】

(1) オイラーの関係式を用いて正弦波を指数関数で表現することにより，つぎのように計算できる．

$$X(z) = \sum_{k=0}^{\infty} \sin\omega_0 k \cdot z^{-k} = \frac{1}{2j}\sum_{k=0}^{\infty}\left(e^{j\omega_0 k} - e^{-j\omega_0 k}\right)z^{-k}$$
$$= \frac{1}{2j}\sum_{k=0}^{\infty}(e^{j\omega_0}z^{-1})^k - \frac{1}{2j}\sum_{k=0}^{\infty}(e^{-j\omega_0}z^{-1})^k$$

いま，$|z^{-1}| < 1$ であれば，この無限数列の和は収束し，次式が得られる．

$$\begin{aligned}X(z) &= \frac{1}{2j}\left[\frac{1}{1-e^{j\omega_0}z^{-1}} - \frac{1}{1-e^{-j\omega_0}z^{-1}}\right]\\&= \frac{1}{2j}\frac{(e^{j\omega_0}-e^{-j\omega_0})z^{-1}}{1-(e^{j\omega_0}+e^{-j\omega_0})z^{-1}+z^{-2}}\\&= \frac{\sin\omega_0 \cdot z^{-1}}{1-2\cos\omega_0 \cdot z^{-1}+z^{-2}}\\&= \frac{\sin\omega_0 \cdot z}{z^2-2\cos\omega_0 \cdot z+1}\end{aligned} \tag{8.17}$$

つぎに，極を求めるために，2次方程式

$$z^2 - 2\cos\omega_0 \cdot z + 1 = 0$$

を解くと，この解は

$$z = \cos\omega_0 \pm \sqrt{\cos^2\omega_0 - 1} = \cos\omega_0 \pm j\sin\omega_0$$

となる．したがって，正弦波の極は単位円上，すなわち周波数軸上に存在し，これを図 **8.7** に示す．この結果，連続時間系の場合のそれと一致する．

(2) z 変換の公式より

$$Y(z) = \sum_{k=0}^{\infty} k z^{-k} = z^{-1} + 2z^{-2} + 3z^{-3} + \cdots \tag{8.18}$$

を得る．上式の両辺に z^{-1} を乗じると，次式が得られる．

$$z^{-1}Y(z) = z^{-2} + 2z^{-3} + 3z^{-4} + \cdots \tag{8.19}$$

式 (8.18) から式 (8.19) を引くと

$$\left(1-z^{-1}\right)Y(z) = z^{-1} + z^{-2} + z^{-3} + \cdots = \frac{z^{-1}}{1-z^{-1}}$$

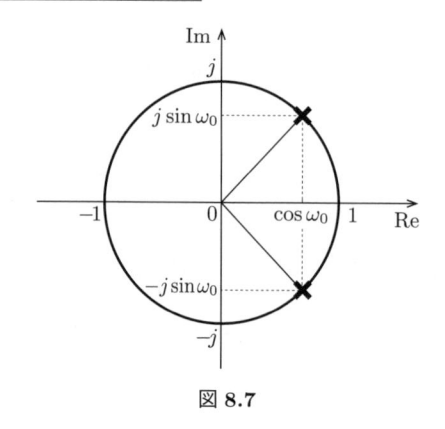

図 8.7

が得られる。したがって

$$Y(z) = \frac{z^{-1}}{(1-z^{-1})^2} = \frac{z}{(z-1)^2}$$

が得られる。ここで用いたテクニックは，高等学校で学習した階差数列である。

つぎに，極は $(z-1)^2 = 0$ を解くことにより，単位円上の $z = 1$ に重根として存在し，これを図 8.8 に示す。

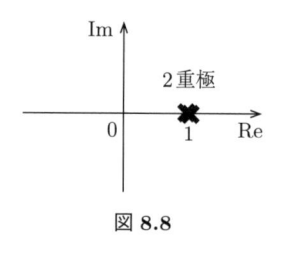

図 8.8

◇

以上の例題からわかるように，高等学校の数列を理解していれば，z 変換を習得することは比較的容易である。また，正弦波信号の z 変換を計算するためには，前述したオイラーの関係式が重要であることも再認識できるだろう。

本節のまとめとして，重要な離散時間信号の z 変換とその収束領域を表 8.1 に示す。

表 8.1 代表的な z 変換対とその収束領域

	信号の名称	$x(k)$	$X(z)$	収束領域
(1)	単位インパルス信号	$\delta(k)$	1	z 平面全体
(2)	単位ステップ信号	$u_s(k)$	$\dfrac{1}{1-z^{-1}}$	$|z|>1$
(3)	時間軸推移	$\delta(k-m)$	z^{-m}	z 平面全体
(4)	減衰指数信号	$\alpha^k u_s(k)$	$\dfrac{1}{1-\alpha z^{-1}}$	$|z|>|\alpha|$
(5)	ランプ信号	$k\alpha^k u_s(k)$	$\dfrac{\alpha z^{-1}}{(1-\alpha z^{-1})^2}$	$|z|>|\alpha|$
(6)	正弦波 (1)	$\cos\omega_0 k \cdot u_s(k)$	$\dfrac{1-\cos\omega_0 \cdot z^{-1}}{1-2\cos\omega_0 \cdot z^{-1}+z^{-2}}$	$|z|>1$
(7)	正弦波 (2)	$\sin\omega_0 k \cdot u_s(k)$	$\dfrac{\sin\omega_0 \cdot z^{-1}}{1-2\cos\omega_0 \cdot z^{-1}+z^{-2}}$	$|z|>1$
(8)	減衰（増大）正弦波 (1)	$r^k \cos\omega_0 k \cdot u_s(k)$	$\dfrac{1-r\cos\omega_0 \cdot z^{-1}}{1-2r\cos\omega_0 \cdot z^{-1}+r^2 z^{-2}}$	$|z|>r$
(9)	減衰（増大）正弦波 (2)	$r^k \sin\omega_0 k \cdot u_s(k)$	$\dfrac{r\sin\omega_0 \cdot z^{-1}}{1-2r\cos\omega_0 \cdot z^{-1}+r^2 z^{-2}}$	$|z|>r$

コーヒーブレイク

z か z^{-1} か？

これまで示してきたように，z 変換は z の多項式の比，あるいは z^{-1} の多項式の比のいずれかで記述できる．$k<0$ に対応する項が 0 である右側系列，すなわち因果系列では，$X(z)$ は z^{-1} のべき乗の項しか含まないので，z^{-1} の多項式の比で書くほうが便利である．一般に，自然界に存在する物理的な法則に従う信号は因果系列であるため，z^{-1} が用いられることが多い．

8.2 逆 z 変換

複素関数論におけるコーシー（Cauchy）の積分定理を用いることにより，逆 z 変換はつぎのように定義できる．

> **【ポイント 8.4】逆 z 変換**
>
> $$x(k) = \mathcal{Z}^{-1}[X(z)] = \frac{1}{2\pi j} \oint X(z) z^{k-1} \, dz \tag{8.20}$$
>
> ただし，$\oint$ は原点を中心とし，半径 r の円を反時計回りに回る周回積分を意味する。

この逆変換式は，逆ラプラス変換の離散時間版に対応する。逆ラプラス変換の場合と同じように，一般に式 (8.20) を用いて逆変換を行うことはなく，$X(z)$ が有理関数であれば，以下で説明するように，部分分数展開あるいはべき級数展開を用いて逆変換できる。

8.2.1 部分分数展開による逆 z 変換

部分分数展開による逆 z 変換の方法を，例題を用いて紹介しよう。

例題 8.6 部分分数展開を用いて，つぎの関数の逆 z 変換を計算せよ。

(1) $X(z) = \dfrac{3 - 1.25 z^{-1}}{(1 - 0.5 z^{-1})(1 - 0.25 z^{-1})}$

(2) $X(z) = \dfrac{-1 + 2 z^{-1}}{1 + 6 z^{-1} + 8 z^{-2}}$

(3) $X(z) = \dfrac{z + 3}{(z - 1)(z - 2)}$

(4) $X(z) = \dfrac{1}{1 - 0.5 z^{-1}} + \dfrac{2}{1 - 2 z^{-1}}$

(5) $X(z) = \dfrac{z^{-1}}{(1 - 2 z^{-1})(1 - 3 z^{-1})}$

【解答】

(1) まず，$X(z)$ をつぎのように z の多項式の形に変形する。

$$X(z) = \frac{3z^2 - 1.25 z}{(z - 0.5)(z - 0.25)} = \frac{z(3z - 1.25)}{(z - 0.5)(z - 0.25)}$$

これより

$$\frac{X(z)}{z} = \frac{3z - 1.25}{(z - 0.5)(z - 0.25)} = \frac{\alpha}{z - 0.5} + \frac{\beta}{z - 0.25} \qquad (8.21)$$

のように $X(z)/z$ の形式に変形し，その式を部分分数展開する[†]。式 (8.21) の係数 α と β は，5.5 節の逆ラプラス変換のところで学んだ留数計算によって容易に求めることができ

$$\alpha = 1, \quad \beta = 2$$

が得られる。よって

$$\frac{X(z)}{z} = \frac{1}{z - 0.5} + \frac{2}{z - 0.25}$$

なので

$$X(z) = \frac{z}{z - 0.5} + \frac{2z}{z - 0.25} = \frac{1}{1 - 0.5z^{-1}} + \frac{2}{1 - 0.25z^{-1}}$$

となる。したがって，表 8.1 より

$$x(k) = \mathcal{Z}^{-1}[X(z)] = (0.5^k + 2 \cdot 0.25^k)u_s(k)$$

が得られる。

(2) (1) と同様に式変形を行うと

$$X(z) = \frac{z(-z + 2)}{(z + 2)(z + 4)}$$

なので，次式のように部分分数展開する。

$$\frac{X(z)}{z} = \frac{-z + 2}{(z + 2)(z + 4)} = \frac{2}{z + 2} - \frac{3}{z + 4}$$

よって

$$X(z) = \frac{2z}{z + 2} - \frac{3z}{z + 4}$$

より

$$x(k) = \left(2(-2)^k - 3(-4)^k\right)u_s(k)$$

となる。

[†] 逆 z 変換を行うときの部分分数展開にはいろいろな方法があるが，ここで示した $X(z)/z$ の形式で行う方法がわかりやすい。

以降は答えのみを示す．

(3) $x(k) = (-4 + 5 \cdot 2^{k-1})u_s(k-1)$

(4) $x(k) = (0.5^k + 2^{k+1})u_s(k)$

(5) $x(k) = (-2^k + 3^k)u_s(k)$

$\diamond$

以上の例題では単根の場合を扱ったが，重根の場合も例題を通して見ていこう．

例題 8.7 部分分数展開を用いて，つぎの関数の逆 z 変換を計算せよ．
$$X(z) = \frac{z^{-2}}{(1 - 0.5z^{-1})(1 - z^{-1})^2}$$

【解答】 例題 8.6 と同様に，式変形を行うと

$$X(z) = \frac{z}{(z - 0.5)(z - 1)^2}$$

となるので

$$\frac{X(z)}{z} = \frac{1}{(z - 0.5)(z - 1)^2} = \frac{\alpha}{z - 0.5} + \frac{\beta_1}{(z - 1)^2} + \frac{\beta_2}{z - 1} \quad (8.22)$$

のように部分分数展開する．ここで，係数 α については，これまでと同様に留数計算を行うことにより

$$\alpha = 4$$

が得られる．つぎに，β_1 と β_2 の計算法については詳しく説明しよう[†]．

式 (8.22) を $(z - 1)^2$ 倍すると

$$(z-1)^2 \frac{X(z)}{z} = \frac{\alpha}{z - 0.5}(z-1)^2 + \beta_1 + \beta_2(z-1) \quad (8.23)$$

となり，式 (8.23) で $z = 1$ とおくと

$$\beta_1 = (z-1)^2 \frac{X(z)}{z}\bigg|_{z=1} = \frac{1}{0.5} = 2$$

が得られる．つぎに，式 (8.23) を z で微分して，$z = 1$ とおくと

$$\beta_2 = \frac{\mathrm{d}}{\mathrm{d}z}(z-1)^2 \frac{X(z)}{z}\bigg|_{z=1} = \frac{\mathrm{d}}{\mathrm{d}z}\frac{1}{z - 0.5}\bigg|_{z=1} = -4$$

[†] 逆ラプラス変換の重根の場合における部分分数展開の留数計算とまったく同じである．

が得られる。これらの結果を式 (8.22) に代入すると

$$X(z) = \frac{4z}{z-0.5} + \frac{2z}{(z-1)^2} - \frac{4z}{z-1} \tag{8.24}$$

となるので，これを逆 z 変換して

$$x(k) = (4 \cdot 0.5^k + 2k - 4)u_s(k)$$

が得られる。

8.2.2 べき級数展開による逆 z 変換

つぎに，べき級数展開による逆 z 変換の計算法も，例題を用いて紹介しよう。

例題 8.8 べき級数展開を用いて，つぎの関数の逆 z 変換を計算せよ。

(1) $X(z) = \dfrac{1}{1 - bz^{-1}}$ \hfill (8.25)

(2) $X(z) = \log(1 + az^{-1})$, ただし，$|az^{-1}| < 1$ \hfill (8.26)

【解答】

(1) 因果系列の仮定より，z^{-1} のべきの級数が得られるように割り算を行うと

$$X(z) = 1 + bz^{-1} + b^2 z^{-2} + \cdots$$

となる。もともと $X(z)$ は，初項 1，公比 bz^{-1} の無限等比数列の和の公式そのものである。これより，次式が得られる。

$$x(k) = b^k u_s(k)$$

(2) $|az^{-1}| < 1$ であるので，テイラー展開の公式

$$\log(1+x) = x - \frac{x^2}{2} + \frac{x^3}{3} - \cdots \quad (-1 \leqq x \leqq 1)$$

を用いると

$$X(z) = \log(1 + az^{-1}) = az^{-1} - \frac{(az^{-1})^2}{2} + \frac{(az^{-1})^3}{3} - \cdots$$
$$= \sum_{k=1}^{\infty} \frac{(-1)^{k+1} a^k z^{-k}}{k}, \quad |az^{-1}| < 1$$

が得られる。したがって

$$x(k) = \begin{cases} (-1)^{k+1}\dfrac{a^k}{k}, & k \geqq 1 \\ 0, & k \leqq 0 \end{cases}$$

$$= \dfrac{-(-a)^k}{k} u_s(k-1)$$

例題 8.9 つぎの関数の逆 z 変換を計算せよ。

(1) $X(z) = \dfrac{z}{(z-a)(z-b)}, \quad a \neq b$ (8.27)

(2) $X(z) = \dfrac{z}{(z-1)(z-2)^2}$ (8.28)

(3) $X(z) = \dfrac{1}{\sqrt{2}} \dfrac{z}{z^2 - \sqrt{2}z + 1}$ (8.29)

(4) $X(z) = \dfrac{z}{z^2 + 1}$ (8.30)

【解答】

(1) 部分分数展開を行うと

$$\dfrac{X(z)}{z} = \dfrac{1}{(z-a)(z-b)} = \dfrac{1}{a-b}\left(\dfrac{1}{z-a} - \dfrac{1}{z-b}\right)$$

$$X(z) = \dfrac{1}{a-b}\left(\dfrac{z}{z-a} - \dfrac{z}{z-b}\right)$$

が得られる。よって

$$x(k) = \dfrac{1}{a-b}\left(a^k - b^k\right) u_s(k)$$

(2) 重根を含む部分分数展開を行うと

$$\dfrac{X(z)}{z} = \dfrac{1}{z-1} + \dfrac{1}{(z-2)^2} - \dfrac{1}{z-2}$$

$$X(z) = \dfrac{1}{1-z^{-1}} + \dfrac{1}{2}\dfrac{2z^{-1}}{(1-2z^{-1})^2} - \dfrac{1}{1-2z^{-1}}$$

が得られる。よって

$$x(k) = \left(1 + \dfrac{1}{2}k \cdot 2^k - 2^k\right) u_s(k) = \left(1 + k \cdot 2^{k-1} - 2^k\right) u_s(k)$$

(3) 与えられた $X(z)$ はつぎのように変形できる。

$$X(z) = \frac{\sin\left(\frac{\pi}{4}\right)z}{z^2 - 2\left(\cos\frac{\pi}{4}\right)z + 1} = \frac{\sin\left(\frac{\pi}{4}\right)z^{-1}}{1 - 2\left(\cos\frac{\pi}{4}\right)z^{-1} + z^{-2}}$$

よって

$$x(k) = \sin\left(\frac{\pi}{4}k\right)u_s(k)$$

(4) 与えられた $X(z)$ はつぎのように変形できる。

$$X(z) = \frac{z^{-1}}{1+z^{-2}} = \frac{z^{-1}}{1 + 0 \cdot z^{-1} + z^{-2}} = \frac{\sin\left(\frac{\pi}{2}\right)z^{-1}}{1 - 2\left(\cos\frac{\pi}{2}\right)z^{-1} + z^{-2}}$$

よって

$$x(k) = \sin\left(\frac{\pi}{2}k\right)u_s(k)$$

8.3 z 変換の性質

本節では z 変換の性質についてまとめておこう。なお,これまでと同様に因果信号を対象とする。

【性質 1】線形性　二つの離散時間信号 $x(k)$, $y(k)$ の z 変換をそれぞれ $X(z)$, $Y(z)$ とするとき

$$\mathcal{Z}[ax(k) + by(k)] = aX(z) + bY(z) \tag{8.31}$$

が成り立つ。ただし,a, b は定数である。

【性質 2】時間軸推移（時間遅れ）

$$\mathcal{Z}[x(k-m)] = z^{-m}X(z) \tag{8.32}$$

この性質を図 8.9 に示す。図は $m = 1$ の場合を示している。時間遅れは波形を右に推移させることなので,右図では

198   8. z 変換

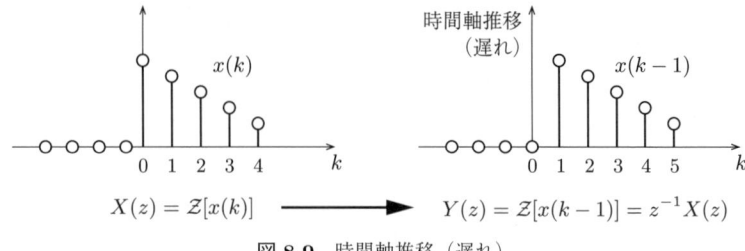

図 8.9　時間軸推移（遅れ）

$$\mathcal{Z}[x(k-1)] = z^{-1}X(z)$$

が得られている。

【性質 3】時間軸推移（時間進み）

$$\mathcal{Z}[x(k+m)] = z^m X(z) - z^m x(0) - z^{m-1}x(1) - \cdots - zx(m-1) \tag{8.33}$$

この性質を図 **8.10** に示す。時間進みは波形を左に推移させることだが，いまは因果信号を仮定しているので，負の時間では 0 でなければならない。したがって，時間遅れと違って時間進みでは，波形を左側に推移させて，負の時間での値を 0 とする必要がある。例えば，図では $m=1$ の場合を示したが，この場合

$$y(k) = x(k+1)u_s(k)$$

となり，これを z 変換すると

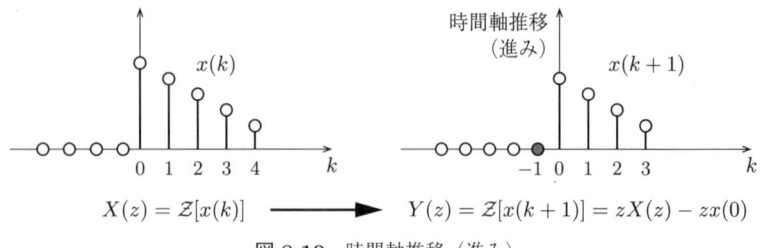

図 **8.10**　時間軸推移（進み）

$$Y(z) = \mathcal{Z}[x(k+1)u_s(k)] = \sum_{k=0}^{\infty} x(k+1)z^{-k}$$
$$= z\left(x(0) + \sum_{k=0}^{\infty} x(k+1)z^{-(k+1)} - x(0)\right)$$
$$= zX(z) - zx(0)$$

となる.

以上で時間軸推移の性質を二つ与えたが,直観的には,性質 2 の時間遅れはラプラス変換のときの積分に,性質 3 の時間進みはラプラス変換のときの微分に近い.

【性質 4】周波数軸推移
$$\mathcal{Z}[e^{j\omega_0 k}x(k)] = X(e^{-j\omega_0}z) \tag{8.34}$$

【性質 5】時間軸反転
$$\mathcal{Z}[x(-k)] = X\left(\frac{1}{z}\right) \tag{8.35}$$

コーヒーブレイク

z 変換の由来

ラプラス変換やフーリエ変換は開発者の名前がつけられているが,z 変換はなぜ人の名前がついていないのだろうか.

z 変換は 1947 年出版の *Theory of Servomechanisms*（サーボ機構の理論）(H. M. ジェイムスら編) という本の中でフレビッチ (Hurewicz) が提案した.彼は記号 "z" を用いて z 変換を記述したが,z 変換とは呼ばず "generating function" と呼んでいた.その後,ラガジーニ (Ragazzini) とザデー (Zadeh) がこの "generating function" を z 変換と命名したとされている.ザデーの z であるという人もいるが,これは時間の流れに反してしまう.フレビッチが自己主張が強くなかったために自分の名をつけず,z 平面の z に由来する名前が普及したものと思われる.

【性質 6】 z 領域における微分

$$\mathcal{Z}[kx(k)] = -z\frac{\mathrm{d}X(z)}{\mathrm{d}z} \tag{8.36}$$

【性質 7】 離散時間信号のたたみ込み

$$\mathcal{Z}[x(k) * y(k)] = X(z)Y(z) \tag{8.37}$$

ただし，$*$ は次式のたたみ込み和（convolution sum）を表す．

$$x(k) * y(k) = \sum_{l=-\infty}^{\infty} x(l)y(k-l) \tag{8.38}$$

たたみ込み和という時間領域では複雑な演算も，z 領域では乗算に変換される．この性質はフーリエ変換やラプラス変換のときと同様であり，離散時間システムを解析するときにこの性質は特に重要である．

【性質 8】 初期値の定理　$x(k)$ が因果系列のとき，次式が成り立つ．

$$x(0) = \lim_{z \to \infty} X(z) \tag{8.39}$$

【性質 9】 最終値の定理

$$x(\infty) = \lim_{k \to \infty} x(k) = \lim_{z \to 1}(1 - z^{-1})X(z) \tag{8.40}$$

【性質 10】 和の z 変換

$$y(k) = \sum_{i=-\infty}^{k} x(i)$$

の z 変換は次式で与えられる．

$$Y(z) = \frac{1}{1 - z^{-1}}X(z) \tag{8.41}$$

> 【性質 11】差の z 変換
>
> $$y(k) = x(k) - x(k-1)$$
>
> の z 変換は次式で与えられる。
>
> $$Y(z) = X(z) - z^{-1}X(z) = (1 - z^{-1})X(z) \tag{8.42}$$

8.4 z 変換を用いた差分方程式の解法

ラプラス変換を用いて微分方程式を解くことができたように，z 変換を用いて差分方程式を解くことができる。本節では，いくつかの例題を通して，z 変換を用いた差分方程式の解法について勉強していこう。

例題 8.10 差分方程式

$$x(k+2) - 0.8x(k+1) + 0.15x(k) = 1, \quad k \geqq 0 \tag{8.43}$$

を z 変換を用いて解け。ただし，$x(0) = x(1) = 1$ とする。

【解答】 $X(z) = \mathcal{Z}[x(k)]$ として，差分方程式 (8.43) を z 変換すると，つぎのようになる。

$$\left(z^2 X(z) - z^2 - z\right) - 0.8\left(zX(z) - z\right) + 0.15X(z) = \frac{z}{z-1}$$

ここで，差分方程式 (8.43) の右辺の 1 は，単位ステップ $u_s(k)$ を表していることに注意する。さらに，式変形を進めると

$$\left(z^2 - 0.8z + 0.15\right)X(z) = \frac{z(z^2 - 0.8z + 0.8)}{z-1}$$

$$\frac{X(z)}{z} = \frac{z^2 - 0.8z + 0.8}{(z-1)(z-0.5)(z-0.3)}$$

となる。この式を部分分数展開すると

$$\frac{X(z)}{z} = \frac{\alpha}{z-1} + \frac{\beta}{z-0.5} + \frac{\gamma}{z-0.3}$$

が得られる。この係数は留数計算により容易に求められ，$\alpha = 20/7$, $\beta = -13/2$, $\gamma = 65/14$ となる。したがって

$$X(z) = \frac{20}{7}\frac{z}{z-1} - \frac{13}{2}\frac{z}{z-0.5} + \frac{65}{14}\frac{z}{z-0.3}$$

となる。これを逆 z 変換すると，次式が得られる。

$$x(k) = \frac{20}{7} - \frac{13}{2}0.5^k + \frac{65}{14}0.3^k, \quad k \geqq 0$$

例題 8.11 差分方程式

$$x(k+2) - \frac{5}{6}x(k+1) + \frac{1}{6}x(k) = 0, \quad k \geqq 0 \tag{8.44}$$

を z 変換を用いて解け。ただし，$x(0) = x(1) = 1$ とする。

【**解答**】 $X(z) = \mathcal{Z}[x(k)]$ として，差分方程式 (8.44) を z 変換すると，つぎのようになる。

$$(z^2 X(z) - z^2 - z) - \frac{5}{6}(zX(z) - z) + \frac{1}{6}X(z) = 0$$

これを式変形すると

$$\frac{X(z)}{z} = \frac{6z+1}{(3z-1)(2z-1)}$$

となり，この式を部分分数展開すると

$$\frac{X(z)}{z} = \frac{-9}{3z-1} + \frac{8}{2z-1}$$

となる。したがって

$$X(z) = -\frac{9z}{3z-1} + \frac{8z}{2z-1}$$
$$= -\frac{3z}{z - \frac{1}{3}} + \frac{4z}{z - \frac{1}{2}}$$

を得る。これを逆 z 変換すると，次式が得られる。

$$x(k) = -3\left(\frac{1}{3}\right)^k + 4\left(\frac{1}{2}\right)^k, \quad k \geqq 0$$

8.5 本章のポイント

- z 変換の計算法と性質を理解すること。
- 部分分数展開を用いて逆 z 変換を行えるようになること。
- z 変換を用いて差分方程式を解けるようになること。

9 期末試験

本書を学習した総まとめとして，本章の試験問題を解いて，理論を深めよう。

$\boxed{1}$ 区間 $-\pi \leqq t < \pi$ で t^2 である信号が，周期 2π で無限に繰り返されて構成される信号を $f(t)$ とするとき，つぎの問に答えよ。

(1) $f(t)$ を図示せよ。

(2) $f(t)$ を

$$f(t) = \frac{a_0}{2} + \sum_{n=1}^{\infty}(a_n \cos n\omega_0 t + b_n \sin n\omega_0 t)$$

のようにフーリエ級数展開したとき，ω_0, a_0, a_n, b_n を求めよ。

(3) $f(t)$ の複素フーリエ係数 c_n を求めよ。

(4) c_n のグラフを丁寧に描け。

$\boxed{2}$ 周期信号 $f(t)$ について，つぎの問に答えよ。

(1) $f(t)$ が

$$f(t) = \begin{cases} 1 - |t|, & |t| \leqq 1 \\ 0, & |t| > 1 \end{cases}$$

で与えられるとき，この波形を図示せよ。

(2) (1)で与えた $f(t)$ をフーリエ変換して $F(\omega)$ を求めよ。

(3) (2)で求めた $F(\omega)$ の振幅スペクトルと位相スペクトルを求めよ。

3 つぎの複素関数を逆ラプラス変換せよ。

(1) $X(s) = \dfrac{3s+1}{(s-1)(s+3)}$ (2) $X(s) = \dfrac{s+1}{(s-2)(s-3)}$

(3) $X(s) = \dfrac{s}{s^2+4s+5}$ (4) $X(s) = \dfrac{2s+4}{s^2+4s+3}$

(5) $X(s) = \dfrac{s-1}{s^2+4s+13}$

4 $g(t) = e^{-5t}u_s(t)$, $x(t) = u_s(t)$ のとき，$y(t) = g(t) * x(t)$ をラプラス変換を用いて求めよ。ただし，$u_s(t)$ は単位ステップ信号であり，$*$ はたたみ込み積分を表す。

5 ラプラス変換を用いてつぎの微分方程式を解け。ただし，$t \geqq 0$ の時間のみを考える。

(1) $\dfrac{\mathrm{d}^2 x(t)}{\mathrm{d}t^2} + 3\dfrac{\mathrm{d}x(t)}{\mathrm{d}t} + 2x(t) = \delta(t)$,   ただし，$x(0) = 1, \dot{x}(0) = 0$

(2) $\dfrac{\mathrm{d}^2 x(t)}{\mathrm{d}t^2} + 4\dfrac{\mathrm{d}x(t)}{\mathrm{d}t} + 3x(t) = 1$,   ただし，$x(0) = \dot{x}(0) = 0$

(3) $\dfrac{\mathrm{d}^2 x(t)}{\mathrm{d}t^2} + 5\dfrac{\mathrm{d}x(t)}{\mathrm{d}t} + 6x(t) = 1$,   ただし，$x(0) = 1, \dot{x}(0) = 0$

(4) $\dfrac{\mathrm{d}x(t)}{\mathrm{d}t} + ax(t) = Ke^{-bt}$,   ただし，$x(0) = 0, a \neq b$

6 図 **9.1** に示す RC 電気回路について，以下の問に答えよ。ただし，入力端子電圧を $v_i(t)$，出力端子電圧を $v_o(t)$，回路を流れる電流を $i(t)$ とする。また，$E = 1\,\mathrm{V}$，キャパシタンスの初期電荷は $0\,\mathrm{C}$ とする。

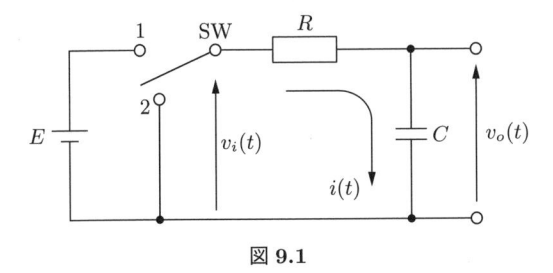

図 **9.1**

(1) キルヒホッフの電圧則を用いて回路を記述する微分方程式を導け。
(2) 時間 $t=0$ でスイッチ（SW）を 1 に接続し，$t=5$ でスイッチを 2 に接続した。このとき，入力端子電圧 $v_i(t)$ の波形を図示せよ。
(3) (2) で求めた $v_i(t)$ をラプラス変換して $V_i(s)$ を求めよ。
(4) 回路の微分方程式をラプラス変換を用いて解き，出力端子電圧 $v_o(t)$ を求めよ。ただし，$R=1\,\Omega$，$C=1\,\mathrm{C}$ とする。
(5) (4) で得られた $v_o(t)$ の波形を図示せよ。
(6) 回路を流れる電流 $i(t)$ を計算せよ。

7 離散時間信号

$$x(k) = \left\{\left(\frac{1}{2}\right)^k + \left(\frac{1}{3}\right)^k\right\} u_s(k)$$

を z 変換して $X(z)$ を求めよ。ただし，$u_s(k)$ は離散時間単位ステップ信号である。また，$X(z)$ の極と零点を，それぞれ×印と○印で z 平面上に図示せよ。

8 つぎの複素関数を逆 z 変換せよ。

(1) $X(z) = \dfrac{z(z-1)}{(z-2)(z-3)}$ (2) $X(z) = \dfrac{z}{(z-1)^2(z-3)}$

(3) $X(z) = \dfrac{z(z-3)}{(z-1)(z-2)}$ (4) $X(z) = \dfrac{z}{(z-0.5)^2(z+0.2)}$

9 つぎの差分方程式を z 変換を用いて解け。

(1) $x(k+1) - x(k) = 3^k,\ k \geqq 0$，ただし，$x(0) = 1$
(2) $x(k+2) + 4x(k+1) + 3x(k) = 1,\ k \geqq 0$，
　　ただし，$x(0) = x(1) = 1$

付　録

A.1　中間試験の解答

1 (1) (a) $e^{j\frac{3}{2}\pi}$　(b) $\sqrt{2}e^{j\frac{\pi}{4}}$　(c) $e^{j\frac{\pi}{2}}$　(d) $\sqrt{2}e^{j\frac{7\pi}{4}}$

(2) (a) 6π　(b) 8π　(c) 2π

(3) $\sqrt{2}\cos(t-\pi/4)$ であり，位相が $\pi/4$ 遅れた cos 波なので，これは偶関数でも奇関数でもない。

(4) $c_n = \dfrac{1}{T}\displaystyle\int_{-T/2}^{T/2} f(t)e^{-j\frac{2\pi n}{T}t}\mathrm{d}t = \dfrac{1}{T}\int_{-T/2}^{-T/2} f(t)e^{-jn\omega_0 t}\mathrm{d}t$

(5) 複雑な組成を持つものを単純な成分に分解し，その成分を特徴づける量の大小によって並べたもの。

(6) $F(\omega) = \dfrac{1}{a+j\omega}$

$\quad |F(\omega)| = \dfrac{1}{\sqrt{a^2+\omega^2}},\quad \angle F(\omega) = -\arctan\left(\dfrac{\omega}{a}\right)$

2 (1) $f(t) \approx \dfrac{1}{2} + \dfrac{2}{\pi}\left(\sin t + \dfrac{1}{3}\sin 3t + \dfrac{1}{5}\sin 5t + \dfrac{1}{7}\sin 7t\right)$

(2) $f(t) = \dfrac{1}{2} + \dfrac{2}{\pi}\displaystyle\sum_{n=1}^{\infty}\dfrac{1}{2n-1}\sin(2n-1)t$

3 (1) (a) 1　(b) 1　(c) $\dfrac{2}{n\pi}\sin\dfrac{n\pi}{2}$　(d) 0

(2) (e) 1　(f) $1 - \dfrac{1}{3} + \dfrac{1}{5} - \dfrac{1}{7} + \cdots = \dfrac{\pi}{4}$

(3) (g) 0.5　(h) $\dfrac{1}{n\pi}\sin\dfrac{n\pi}{2}$

(4) c_n を図 **A.1** に示す。

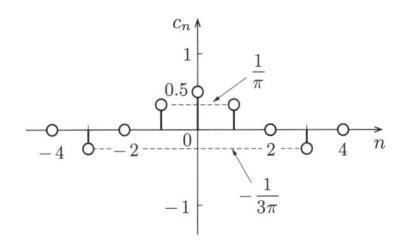

図 **A.1**

4 (1) (a) 1 (b) 1 (c) 0 (d) $-\dfrac{1}{n\pi}$

(2) $f(t) \approx \dfrac{1}{2} - \dfrac{1}{\pi}\left(\sin t + \dfrac{1}{2}\sin 2t + \dfrac{1}{3}\sin 3t + \cdots\right)$

5 (1) $|F(\omega)| = \dfrac{1}{\sqrt{1+\omega^2}}, \quad \angle F(\omega) = -\arctan\omega$

(2) $|F(\omega)| = 1, \quad \angle F(\omega) = \omega$

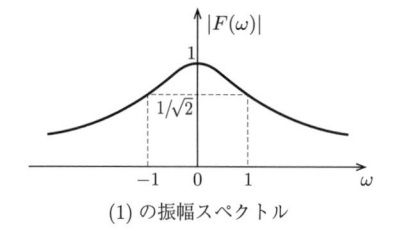

それぞれの振幅スペクトルと位相スペクトルを図 **A.2** に示す。

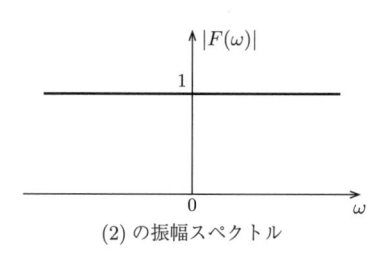

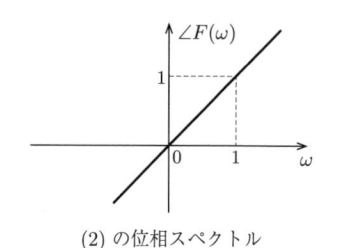

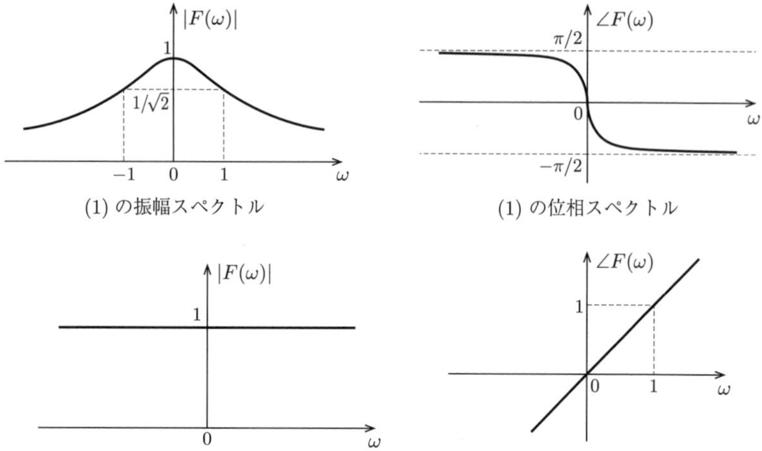

図 **A.2**

6 (1) $a_0 = a_n = 0, \quad b_n = \dfrac{2}{n}(-1)^{n+1}$

(2) $\dfrac{\pi}{2}$

(3) $1 - \dfrac{1}{3} + \dfrac{1}{5} - \cdots = \dfrac{\pi}{4}$ が得られる。

7 (1) $F(\omega) = j\dfrac{4}{\omega}\sin^2\dfrac{\omega}{2}$

(2) $|F(\omega)| = \dfrac{4}{|\omega|}\sin^2\dfrac{\omega}{2}$

(3) $\angle F(\omega) = \begin{cases} \dfrac{\pi}{2}, & \omega > 0 \text{ のとき} \\ -\dfrac{\pi}{2}, & \omega < 0 \text{ のとき} \end{cases}$

(4) $|F(\omega)|$ を図 **A.3** に示す。

図 **A.3**

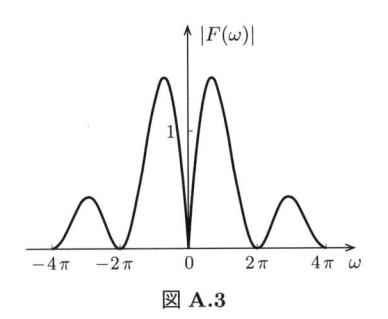

8 (1) $\sin x = \dfrac{1}{2j}(e^{jx} - e^{-jx})$

(2) $F(\omega) = \displaystyle\int_{-\infty}^{\infty} f(t)e^{-j\omega t}\mathrm{d}t$

(3) $F(\omega) = \dfrac{\sin(\omega\Delta/2)}{\omega\Delta/2}$

(4) $F(\omega)$ を図 **A.4** に示す。

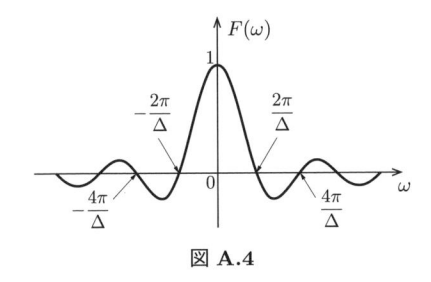

図 **A.4**

(5) 1
(6) δ 関数のフーリエ変換は 1 である。

A.2 期末試験の解答

$\boxed{1}$ (1) $f(t)$ の波形を図 **A.5** に示す。

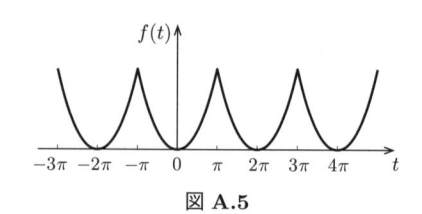

図 **A.5**

(2) $\omega_0 = 1$, $a_0 = \dfrac{2}{3}\pi^2$ である。$f(t)$ は偶関数なので，$b_n = 0$ である。部分積分を 2 回用いることにより，次式が得られる。

$$a_n = \frac{4}{n^2}\cos n\pi = \frac{4(-1)^n}{n^2}$$

(3) $c_0 = \dfrac{\pi^2}{3}$, $c_n = 2\dfrac{(-1)^n}{n^2}$, $n \neq 0$

(4) c_n を図 **A.6** に示す。

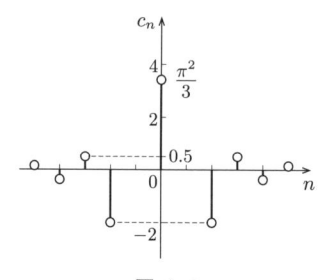

図 **A.6**

$\boxed{2}$ (1) $f(t)$ の波形を図 **A.7** に示す。

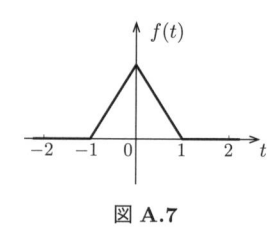

図 **A.7**

A.2 期末試験の解答　　211

(2) $F(\omega) = \dfrac{2}{\omega^2}(1 - \cos\omega) = \dfrac{4}{\omega^2}\sin^2\dfrac{\omega}{2}$

(3) $|F(\omega)| = \dfrac{2}{\omega^2}(1 - \cos\omega) = \dfrac{4}{\omega^2}\sin^2\dfrac{\omega}{2}, \quad \angle F(\omega) = 0$

3 (1) $x(t) = (e^t + 2e^{-3t})u_s(t)$

(2) $x(t) = (-3e^{2t} + 4e^{3t})u_s(t)$

(3) $x(t) = e^{-2t}(\cos t - 2\sin t)u_s(t)$

(4) $x(t) = (e^{-t} + e^{-3t})u_s(t)$

(5) $x(t) = e^{-2t}(\cos 3t - \sin 3t)u_s(t) = \sqrt{2}e^{-2t}\cos\left(3t - \dfrac{\pi}{4}\right)u_s(t)$

4 $y(t) = \dfrac{1}{5}(1 - e^{-5t})u_s(t)$

5 (1) $x(t) = (3e^{-t} - 2e^{-2t})u_s(t)$

(2) $x(t) = \left(\dfrac{1}{3} - \dfrac{1}{2}e^{-t} + \dfrac{1}{6}e^{-3t}\right)u_s(t)$

(3) $x(t) = \left(\dfrac{1}{6} + \dfrac{5}{2}e^{-2t} - \dfrac{5}{3}e^{-3t}\right)u_s(t)$

(4) $x(t) = \dfrac{K}{a - b}\left(e^{-bt} - e^{-at}\right)u_s(t)$

6 (1) $RC\dfrac{\mathrm{d}v_o(t)}{\mathrm{d}t} + v_o(t) = v_i(t)$

(2) $v_i(t)$ の波形を図 **A.8** に示す。

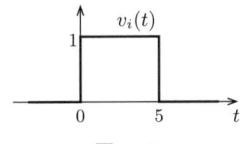

図 **A.8**

(3) $V_i(s) = \dfrac{1 - e^{-5s}}{s}$

(4) $V_o(s) = \dfrac{1}{s + 1}\dfrac{1 - e^{-5s}}{s}$ なので

$v_o(t) = (1 - e^{-t})u_s(t) - (1 - e^{-(t-5)})u_s(t - 5)$

(5) $v_o(t)$ の波形を図 **A.9** に示す。

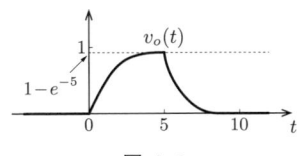

図 **A.9**

(6) $i(t) = e^{-t}u_s(t) - e^{-(t-5)}u_s(t-5)$

$\boxed{7}$ $X(z) = \dfrac{2z\left(z - \dfrac{5}{12}\right)}{\left(z - \dfrac{1}{2}\right)\left(z - \dfrac{1}{3}\right)}$

極は $z = 1/2, 1/3$ で，零点は $z = 0, 5/12$ である。それらの配置を図 **A.10** に示す。

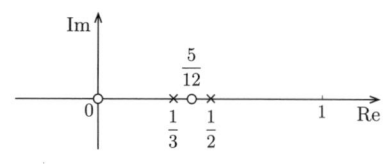

図 A.10

$\boxed{8}$ (1) $x(k) = (-2^k + 2 \cdot 3^k)u_s(k)$

(2) $x(k) = \left(-\dfrac{1}{4} - \dfrac{1}{2}k + \dfrac{3^k}{4}\right)u_s(k)$

(3) $x(k) = (2 - 2^k)u_s(k)$

(4) $x(k) = \left\{\dfrac{100}{49}\left(-\dfrac{1}{5}\right)^k + \dfrac{20}{7}k\left(\dfrac{1}{2}\right)^k - \dfrac{100}{49}\left(\dfrac{1}{2}\right)^k\right\}u_s(k)$

$\boxed{9}$ (1) $x(k) = \dfrac{1}{2}(1 + 3^k)u_s(k)$

(2) $x(k) = \left\{\dfrac{1}{8} + \dfrac{7}{4}(-1)^k - \dfrac{7}{8}(-3)^k\right\}u_s(k)$

参 考 文 献

1) A. V. Oppenheim and A. S. Wilsky：Signals and Systems, Prentice-Hall (1983)
2) S. Haykin and B. V. Veen：Signals and Systems, John Wiley & Sons (1999)
3) 足立修一：信号とダイナミカルシステム，コロナ社 (1999)
4) 足立修一：ディジタル信号とシステム，東京電機大学出版局 (2002)
5) 近藤次郎：フーリエ変換とその応用，培風館 (1975)
6) H. P. スウ 著，佐藤平八 訳：フーリエ解析，森北出版 (1979)
7) 小出昭一郎：物理現象のフーリエ解析，東京大学出版会 (1981)
8) 久保田一：わかりやすいフーリエ解析，オーム社 (1992)
9) 猪狩 惺：実解析入門，岩波書店 (1996)
10) 黒川隆志，小畑秀文：演習で身につくフーリエ解析，共立出版 (2005)
11) 片山 徹：フィードバック制御の基礎，朝倉書店 (1987)
12) 美多 勉：ディジタル制御理論，昭晃堂 (1984)
13) 谷萩隆嗣：ディジタル信号処理の理論 1 —— 基礎・システム・制御，コロナ社 (1985)

索引

【あ】
アナログ信号　2
アナロジー　29
安定条件　56
安定性　56

【い】
位相　3, 158
位相スペクトル　77, 182
因果系列　186
因果信号　55
因果性　55
インパルス応答
　　40, 43, 44, 173, 175, 176
インパルス関数　101
インパルス列　94

【う】
ウェーブレット解析　105
打切り誤差　71

【え】
エネルギー　153
エネルギー密度スペクトル　85

【お】
オイラーの関係式　8
大きさ　61

【か】
可逆　57
角周波数　3, 158
重ね合わせの理　36

【か】
片側指数信号　116
片側正弦波信号　116
加法定理　32
関数空間　63, 147

【き】
奇信号　16
基底　59
ギブス現象　71
基本角周波数　5
基本周期　5, 13, 160
基本波成分　66
逆システム　57
逆フーリエ変換　84
逆ラプラス変換　114, 130
逆 z 変換　192
共役対称性　97
極　130, 185

【く】
偶奇分解　17, 170
偶信号　16
矩形信号　12

【け】
結合則　53

【こ】
交換則　53
恒等システム　55
固有角周波数　142

【さ】
最終値の定理　127, 200
（最大）振幅　3, 158
差分方程式　201
三角関数　32
　　——の合成　35
サンプル値信号　2

【し】
時間軸推移　21, 97, 124, 172
　　——（時間遅れ）　197
　　——（時間進み）　198
時間軸スケーリング
　　20, 99, 125
時間軸反転　199
時間・周波数解析　105
時間積分　102, 126
時間遅延　98
時間微分　102, 125
時間領域　43
システム　2
実効値　148
時不変性　175
周期　5, 160
周期信号　5, 160
周期性　5, 160
収束領域　185
周波数　158
周波数軸推移　99, 199
周波数軸スケーリング　101
周波数微分　103
周波数領域　77
初期値の定理　127, 200
信号　1
　　——の反転　20, 171
信号空間　63

索　引

振動数　164
振幅スペクトル　77, 182

【す】
ステップ応答　43
スペクトル　77, 80

【せ】
正規直交関数系　62
正規直交基底　59
正弦波信号　3, 158
静的システム　55
絶対可積分　56
絶対値総和可能　182
絶対平均値　150
零次ホールダ　120
零点　130, 185
線形結合　59, 60
線形システム　37
線形シフト不変システム　176
線形時不変システム　36
線形従属　60
線形性　97, 124, 197
線形独立　60
線スペクトル　93

【そ】
双対性　101
測度　145

【た】
第 n 次高調波成分　66
たたみ込み　176, 200
たたみ込み積分
　　43, 52, 104, 127
たたみ込み和　176
多値信号　2
単位インパルス関数　91
単位インパルス信号
　　11, 115, 167, 168
単位円　6
単位加速度信号　169
単位サンプル　168

単位ステップ応答　179
単位ステップ信号
　　10, 115, 169
単位ランプ信号　115, 169

【ち】
調和解析　66
調和関係にある複素指数信号
　　9
直線位相特性　98
直流成分　66
直列接続　54
直　交　59
直交性　61

【て】
ディジタルシステム　3
ディジタル信号　2
テイラー級数　69
テイラー級数展開　38
ディレクレの条件　68
電気回路　27

【と】
動的システム　55
等比級数の和　178

【な】
内　積　58, 61

【に】
ニュートンの運動方程式　26

【の】
ノルム　59, 146

【は】
パーセバルの定理
　　82, 105, 153
倍角の公式　33
ハイゼルベルグの不確定性
　原理　101
パワー　153

パワー信号　150
パワースペクトル　77, 182
半域展開　76
半角の公式　33

【ひ】
非線形システム　37
微分方程式　139

【ふ】
フーリエ　67
フーリエ級数　64-67, 77
フーリエ係数　65, 77
フーリエ正弦級数　68
フーリエ変換　84, 123
フーリエ変換対　84
フーリエ余弦級数　68
不確定性原理　101
複素指数信号　5, 161
複素フーリエ級数　77
複素フーリエ係数　77
符号信号　13
部分積分　72
部分分数展開　130, 192
ふるい特性　40, 175
ブロック線図　53
分配則　54

【へ】
平均 2 乗誤差　71
平面を張る　60
並列接続　54
べき級数展開　195

【み】
右側系列　185

【む】
むだ時間　98

【め】
メジャー　145

【ゆ】

有界な入力	56
ユークリッド距離	146
ユークリッドノルム	146
有限長系列	188

【ら】

ライプニッツの公式	82
ラプラス	123
ラプラス変換	113, 123

【り】

力学システム	26, 142
離散化	1
離散時間システム	3
離散時間信号	2
離散時間複素指数信号	166
離散スペクトル	80, 93
留数	130
量子化	2

【れ】

連続時間システム	3
連続時間信号	2
連続時間複素指数信号	164
連続スペクトル	86, 93

【F】

FIR フィルタ	188

【I】

inf	154

【L】

LSI システム	176
LTI システム	36, 55
$\mathcal{L}_1$ ノルム	152
$\mathcal{L}_2$ ノルム	152
$\mathcal{L}_\infty$ ノルム	152

【R】

RC 回路	27
RL 回路	143
rms	148, 150

【S】

s 平面	114
s 領域	114
——での微分	127
s 領域推移	125
sinc 関数	87
sup	154

【Z】

z 変換	181, 197, 199
z 変換対	182

【数字】

2 乗平均平方根	148, 150
3 倍角の公式	33

―― 著者略歴 ――

- 1981 年 慶應義塾大学工学部電気工学科卒業
- 1986 年 慶應義塾大学大学院博士課程修了(電気工学専攻)
  工学博士(慶應義塾大学)
- 1986
  ～90 年 株式会社東芝勤務
- 1990 年 宇都宮大学助教授
- 2002 年 宇都宮大学教授
- 2006 年 慶應義塾大学教授
- 2023 年 慶應義塾大学名誉教授

信号・システム理論の基礎
―フーリエ解析,ラプラス変換,z 変換を系統的に学ぶ―
Fundamentals of Signals and Systems
――Fourier Analysis, Laplace Transform and z-Transform――

© Shuichi Adachi 2014

2014 年 10 月 10 日 初版第 1 刷発行
2024 年 7 月 25 日 初版第 9 刷発行

検印省略	著 者	足 立 修 一

発 行 者　株式会社　コ ロ ナ 社
　　　　　代 表 者　牛 来 真 也
印 刷 所　三 美 印 刷 株 式 会 社
製 本 所　有限会社　愛 千 製 本 所

112−0011　東京都文京区千石 4−46−10
発 行 所　株式会社　コ ロ ナ 社
CORONA PUBLISHING CO., LTD.
Tokyo Japan
振替 00140−8−14844・電話(03)3941−3131(代)
ホームページ　https://www.coronasha.co.jp

ISBN 978−4−339−03214−7　C3053　Printed in Japan　　(新宅)

<JCOPY> <出版者著作権管理機構 委託出版物>
本書の無断複製は著作権法上での例外を除き禁じられています。複製される場合は,そのつど事前に,出版者著作権管理機構 (電話 03-5244-5088, FAX 03-5244-5089, e-mail: info@jcopy.or.jp) の許諾を得てください。

本書のコピー,スキャン,デジタル化等の無断複製・転載は著作権法上での例外を除き禁じられています。購入者以外の第三者による本書の電子データ化及び電子書籍化は,いかなる場合も認めていません。
落丁・乱丁はお取替えいたします。

音響テクノロジーシリーズ

(各巻A5判,欠番は品切です)

■日本音響学会編

No.	書名	著者	頁	本体
1.	音のコミュニケーション工学 ―マルチメディア時代の音声・音響技術―	北脇信彦編著	268	3700円
3.	音の福祉工学	伊福部達著	252	3500円
4.	音の評価のための心理学的測定法	難波精一郎・桑野園子共著	238	3500円
7.	音・音場のディジタル処理	山崎芳男・金田豊編著	222	3300円
8.	改訂 環境騒音・建築音響の測定	橘秀樹・矢野博夫共著	198	3000円
9.	新版 アクティブノイズコントロール	西村正治・宇佐川毅・伊勢史郎・梶川嘉延共著	238	3600円
10.	音源の流体音響学 ―CD-ROM付―	吉川茂・和田仁編著	280	4000円
11.	聴覚診断と聴覚補償	舩坂宗太郎著	208	3000円
12.	音環境デザイン	桑野園子編著	260	3600円
14.	音声生成の計算モデルと可視化	鏑木時彦編著	274	4000円
15.	アコースティックイメージング	秋山いわき編著	254	3800円
16.	音のアレイ信号処理 ―音源の定位・追跡と分離―	浅野太著	288	4200円
17.	オーディオトランスデューサ工学 ―マイクロホン、スピーカ、イヤホンの基本と現代技術―	大賀寿郎著	294	4400円
18.	非線形音響 ―基礎と応用―	鎌倉友男編著	286	4200円
19.	頭部伝達関数の基礎と 3次元音響システムへの応用	飯田一博著	254	3800円
20.	音響情報ハイディング技術	鵜木祐史・西村竜一・伊藤彰則・西村明・近藤和弘・薗田光太郎共著	172	2700円
21.	熱音響デバイス	琵琶哲志著	296	4400円
22.	音声分析合成	森勢将雅著	272	4000円
23.	弾性表面波・圧電振動型センサ	近藤淳・工藤すばる共著	230	3500円
24.	機械学習による音声認識	久保陽太郎著	324	4800円
25.	聴覚・発話に関する脳活動観測	今泉敏編著	194	3000円
26.	超音波モータ	中村健太郎・黒澤実・青柳学共著	264	4300円
27.	物理と心理から見る音楽の音響	大田健紘編著	190	3100円

以下続刊

建築におけるスピーチプライバシー ―その評価と音空間設計― 清水寧編著	聴覚の支援技術 中川誠司編著
環境音分析 井本桂右・川口洋平・小泉悠馬共著	聴取実験の基本と実践 栗栖清浩編著

定価は本体価格+税です。
定価は変更されることがありますのでご了承下さい。

図書目録進呈◆

シリーズ 情報科学における確率モデル

(各巻A5判)

■編集委員長　土肥　正
■編集委員　　栗田多喜夫・岡村寛之

配本順			著者	頁	本体
1	(1回)	統計的パターン認識と判別分析	栗田多喜夫・日高章理 共著	236	3400円
2	(2回)	ボルツマンマシン	恐神貴行 著	220	3200円
3	(3回)	捜索理論における確率モデル	宝崎隆祐・飯田耕司 共著	296	4200円
4	(4回)	マルコフ決定過程 ―理論とアルゴリズム―	中出康一 著	202	2900円
5	(5回)	エントロピーの幾何学	田中勝 著	206	3000円
6	(6回)	確率システムにおける制御理論	向谷博明 著	270	3900円
7	(7回)	システム信頼性の数理	大鑄史男 著	270	4000円
8	(8回)	確率的ゲーム理論	菊田健作 著	254	3700円
9	(9回)	ベイズ学習とマルコフ決定過程	中井達 著	232	3400円
10	(10回)	最良選択問題の諸相 ―秘書問題とその周辺―	玉置光司 著	270	4100円
11	(11回)	協力ゲームの理論と応用	菊田健作 著	284	4400円
		マルコフ連鎖と計算アルゴリズム	岡村寛之 著		
		確率モデルによる性能評価	笠原正治 著		
		ソフトウェア信頼性のための統計モデリング	土肥正・岡村寛之 共著		
		ファジィ確率モデル	片桐英樹 著		
		高次元データの科学	酒井智弥 著		
		空間点過程とセルラネットワークモデル	三好直人 著		
		部分空間法とその発展	福井和広 著		
		連続-kシステムの最適設計 ―アルゴリズムと理論―	山本久志・秋葉知昭 共著		

定価は本体価格+税です。
定価は変更されることがありますのでご了承下さい。

◆図書目録進呈◆

計測・制御セレクションシリーズ

(各巻A5判)

■計測自動制御学会 編

計測自動制御学会（SICE）が扱う，計測，制御，システム・情報，システムインテグレーション，ライフエンジニアリングといった分野は，もともと分野横断的な性格を備えていることから，SICEが社会において果たすべき役割がより一層重要なものとなってきている．めまぐるしく技術動向が変化する時代に活躍する技術者・研究者・学生の助けとなる書籍を，SICEならではの視点からタイムリーに提供することをシリーズの方針とした．
SICEが執筆者の公募を行い，会誌出版委員会での選考を経て収録テーマを決定することとした．また，公募と並行して，会誌出版委員会によるテーマ選定や，学会誌「計測と制御」での特集から本シリーズの方針に合うテーマを選定するなどして，収録テーマを決定している．テーマの選定に当たっては，SICEが今の時代に出版する書籍としてふさわしいものかどうかを念頭に置きながら進めている．このようなシリーズの企画・編集プロセスを鑑みて，本シリーズの名称を「計測・制御セレクションシリーズ」とした．

配本順			頁	本体
1.（1回）	**次世代医療AI** ―生体信号を介した人とAIの融合―	藤原 幸一 編著	272	3800円
2.（2回）	**外乱オブザーバ**	島田 明 著	284	4000円
3.（3回）	**量の理論とアナロジー**	久保 和良 著	284	4000円
4.（4回）	**電力系統のシステム制御工学** ―システム数理とMATLABシミュレーション―	石崎 孝幸 編著 川口 貴弘 河辺 賢一 共著	284	4200円
5.（5回）	**機械学習の可能性**	浮田 浩行 編著 濱上 知樹	240	3600円
6.（6回）	**センサ技術の基礎と応用**	次世代センサ協議会 編	288	4400円
7.（7回）	**データ駆動制御入門**	金子 修 著	270	4200円
	生理状態自動制御による治療の自動化	樽木 智彦 古谷 栄光 共著		
	患者安全 ― AI技術とロボット技術，計測と制御―	難波 孝彰 山田 陽滋 編著		

定価は本体価格＋税です．
定価は変更されることがありますのでご了承下さい．

図書目録進呈◆

計測・制御テクノロジーシリーズ

(各巻A5判，欠番は品切または未発行です)

■計測自動制御学会 編

	配本順			頁	本体
1.	(18回)	計測技術の基礎（改訂版）—新SI対応—	山﨑 弘郎／田中 充 共著	250	3600円
2.	(8回)	センシングのための情報と数理	出口 光一郎／本多 敏 共著	172	2400円
3.	(11回)	センサの基本と実用回路	中沢 信明／松井 利一／山田 一功 共著	192	2800円
4.	(17回)	計測のための統計	寺本 顕武／椿 広計 共著	288	3900円
5.	(5回)	産業応用計測技術	黒森 健一 他著	216	2900円
6.	(16回)	量子力学的手法によるシステムと制御	伊丹・松井／乾・全 共著	256	3400円
7.	(13回)	フィードバック制御	荒木 光彦／細江 繁幸 共著	200	2800円
9.	(15回)	システム同定	和田・奥／田中・大松 共著	264	3600円
11.	(4回)	プロセス制御	高津 春雄 編著	232	3200円
13.	(6回)	ビークル	金井 喜美雄 他著	230	3200円
15.	(7回)	信号処理入門	小畑 秀文／浜田 望／田村 安孝 共著	250	3400円
16.	(12回)	知識基盤社会のための人工知能入門	國藤 進／中田 豊久／羽山 徹彩 共著	238	3000円
17.	(2回)	システム工学	中森 義輝 著	238	3200円
19.	(3回)	システム制御のための数学	田村 捷利／武藤 康彦／笹川 徹史 共著	220	3000円
21.	(14回)	生体システム工学の基礎	福岡 豊／内山 孝憲／野村 泰伸 共著	252	3200円

定価は本体価格+税です。
定価は変更されることがありますのでご了承下さい。

◆図書目録進呈◆

システム制御工学シリーズ

(各巻A5判，欠番は品切です)

■編集委員長　池田雅夫
■編集委員　　足立修一・梶原宏之・杉江俊治・藤田政之

配本順		書名	著者	頁	本体
2.	(1回)	信号とダイナミカルシステム	足立修一 著	216	2800円
3.	(3回)	フィードバック制御入門	杉江俊治・藤田政之 共著	236	3000円
4.	(6回)	線形システム制御入門	梶原宏之 著	200	2500円
6.	(17回)	システム制御工学演習	杉江俊治・梶原宏之 共著	272	3400円
7.	(7回)	システム制御のための数学(1) ―線形代数編―	太田快人 著	266	3800円
8.	(23回)	システム制御のための数学(2) ―関数解析編―	太田快人 著	288	3900円
9.	(12回)	多変数システム制御	池田雅夫・藤崎泰正 共著	188	2400円
10.	(22回)	適応制御	宮里義彦 著	248	3400円
11.	(21回)	実践ロバスト制御	平田光男 著	228	3100円
12.	(8回)	システム制御のための安定論	井村順一 著	250	3200円
13.	(5回)	スペースクラフトの制御	木田隆 著	192	2400円
14.	(9回)	プロセス制御システム	大嶋正裕 著	206	2600円
15.	(10回)	状態推定の理論	内田健康・山中一雄 共著	176	2200円
16.	(11回)	むだ時間・分布定数系の制御	阿部直人・児島晃 共著	204	2600円
17.	(13回)	システム動力学と振動制御	野波健蔵 著	208	2800円
18.	(14回)	非線形最適制御入門	大塚敏之 著	232	3000円
19.	(15回)	線形システム解析	汐月哲夫 著	240	3000円
20.	(16回)	ハイブリッドシステムの制御	井村順一・東俊一・増淵泉 共著	238	3000円
21.	(18回)	システム制御のための最適化理論	延瀬沢昇・山部英 共著	272	3400円
22.	(19回)	マルチエージェントシステムの制御	東俊一・永原正章 編著	232	3000円
23.	(20回)	行列不等式アプローチによる制御系設計	小原敦美 著	264	3500円

定価は本体価格+税です。
定価は変更されることがありますのでご了承下さい。

図書目録進呈◆